含章∩♥
新实用

阅读图文之美 / 优享健康生活

U0339760

# 药用植物轻图鉴

尚云青　主编
含章新实用编辑部　编著

江苏凤凰科学技术出版社·南京

图书在版编目（CIP）数据

药用植物轻图鉴 / 尚云青主编；含章新实用编辑部
编著. —南京：江苏凤凰科学技术出版社，2023.6
ISBN 978-7-5713-3487-1

Ⅰ.①药… Ⅱ.①尚… ②含… Ⅲ.①药用植物－图
解 Ⅳ.①S567-64

中国国家版本馆CIP数据核字(2023)第054047号

## 药用植物轻图鉴

主　　　编　尚云青
编　　　著　含章新实用编辑部
责 任 编 辑　汤景清
责 任 校 对　仲　敏
责 任 监 制　方　晨

出 版 发 行　江苏凤凰科学技术出版社
出版社地址　南京市湖南路 1 号 A 楼，邮编：210009
出版社网址　http://www.pspress.cn
印　　　刷　天津丰富彩艺印刷有限公司

开　　　本　718 mm × 1 000 mm　1/16
印　　　张　13.5
插　　　页　1
字　　　数　430 000
版　　　次　2023年6月第1版
印　　　次　2023年6月第1次印刷

标 准 书 号　ISBN 978-7-5713-3487-1
定　　　价　52.00元

图书如有印装质量问题，可随时向我社印务部调换。

前　言

　　世界已知植物约有 50 万种。我国地域辽阔，气候多样，地形复杂，植物种类多样。全国已知植物约有 3 万种，其中很多植物都具有药用价值，这些植物被统称为药用植物。

　　20 世纪 80 年代，经统计发现我国的药用植物有 383 科、2 313 属、11 020 种。其中，有些药用植物为我国所特有，如杜仲、银杏。在这些药用植物中，临床常用的植物药材有 700 多种，其中 300 多种以人工栽培为主，其余多为野生。药用植物种类繁多，药用部分各不相同，有植株全部可入药的，如益母草、夏枯草；有植株的一部分可入药的，如人参、曼陀罗；有需提炼后入药的，如金鸡纳树。

　　《神农本草经》把药物分为上、中、下三品。《本草经集注》中除沿用三品分类外，又按草木部、果部、菜部、米谷部等进行细分。《本草纲目》将所收药物分为 16 部 60 类，又将草部药分为山草、芳草、隰草、毒草、蔓草、石草、苔类等。

　　医学上一般按药理作用将药用植物分类，中医学常按功效将药物分为解表药、清热药、祛风湿药、理气药、补虚药等。药用植物学将药用植物按植物系统分类，反映了药用植物的亲缘关系，以便于对其形态解剖和成分等进行研究。中药鉴定学、药用植物栽培学常按药用部分分类，将药用植物分为根、根茎、皮、叶、花、果实、种子、全草等类，便于药材特征的鉴别和掌握其栽培方法。

　　本书将药用植物按主要药用部分分为茎及叶类、根茎及根类、花类、果实及种子类四类，另在第五章列出了部分真菌及藻类，以供参考。本书以图文并茂的形式详细介绍了每种药用植物（真菌、藻）的性味、别名、分布、药用功效等，为读者了解和掌握药用植物的相关知识提供一些帮助。

　　由于编者水平有限，书中出现谬误在所难免，敬请广大读者批评指正。

# 认识药用植物

# 第一章 茎及叶类

南苜蓿
·51·

宝盖草
·52·

龙牙草
·52·

翻白草
·53·

紫花地丁
·54·

# 第二章 根茎及根类

甘草
·56·

蒙古黄芪
·57·

荠苨
·57·

知母
·58·

白术
·58·

玉竹
·59·

薯蓣
·60·

黑三棱
·60·

远志
·61·

狗脊
·62·

玄参
·62·

巴戟天
·63·

龙胆
·64·

党参
·65·

秦艽
·65·

黄精
·66·

地榆
·67·

丹参
·68·

黄芩
·69·

桔梗
·70·

黄连
·71·

细辛
·72·

泽泻
·72·

川芎
·73·

川续断
·73·

姜黄
· 74 ·

败酱
· 75 ·

山丹
· 75 ·

虎掌
· 76 ·

卷丹
· 76 ·

人参
· 77 ·

当归
· 78 ·

魔芋
· 78 ·

甘露子
· 79 ·

白鲜
· 79 ·

北柴胡
· 80 ·

防风
· 81 ·

前胡
· 81 ·

虎杖
· 82 ·

独活
· 83 ·

延胡索
· 83 ·

升麻
· 84 ·

浙贝母
· 85 ·

独蒜兰
· 86 ·

白前
· 86 ·

何首乌
· 87 ·

香附子
· 87 ·

芍药
· 88 ·

牡丹
· 89 ·

菘蓝
· 90 ·

块茎山萮菜
· 90 ·

地黄
· 91 ·

牛蒡
· 92 ·

菊芋
· 92 ·

姜
· 93 ·

三七
· 94 ·

荸荠
· 94 ·

沙参
· 95 ·

鸦葱
· 95 ·

葛
· 96 ·

第 三 章 花类

鸡蛋花

· 115 ·

款冬

· 116 ·

玉簪

· 116 ·

萱草

· 117 ·

朱槿

· 118 ·

紫萼

· 118 ·

紫藤

· 119 ·

月季花

· 119 ·

玫瑰

· 120 ·

杜鹃

· 121 ·

迎春花

· 121 ·

雨久花

· 122 ·

合欢

· 122 ·

忍冬

· 123 ·

木樨

· 124 ·

月桂

· 124 ·

梅

· 125 ·

春兰

· 125 ·

茉莉花

· 126 ·

虞美人

· 127 ·

玉兰

· 127 ·

白兰

· 128 ·

槐

· 128 ·

丁香蒲桃

· 129 ·

鸡冠花

· 130 ·

山茶

· 130 ·

薰衣草

· 131 ·

天竺葵

· 131 ·

香雪兰

· 132 ·

雏菊

· 132 ·

金盏花

· 133 ·

番红花

· 133 ·

秋英

· 134 ·

红花羊蹄甲

· 134 ·

旋覆花

· 135 ·

<space/>

# 第四章 果实及种子类

苹果

· 153 ·

樱桃

· 154 ·

椰子

· 154 ·

番木瓜

· 155 ·

西瓜

· 155 ·

中华猕猴桃

· 156 ·

草莓

· 156 ·

杨梅

· 157 ·

覆盆子

· 157 ·

大果越橘

· 158 ·

笃斯越橘

· 158 ·

石榴

· 159 ·

柿

· 160 ·

柚

· 160 ·

柑橘

· 161 ·

西番莲

· 161 ·

葡萄

· 162 ·

蛇床

· 162 ·

甜瓜

· 163 ·

莽吉柿

· 163 ·

芭蕉

· 164 ·

大豆

· 165 ·

蚕豆

· 165 ·

绿豆

· 166 ·

豌豆

· 167 ·

扁豆

· 167 ·

落花生

· 168 ·

胡桃

· 169 ·

刀豆

· 170 ·

菟丝子

· 170 ·

薏苡

· 171 ·

白豆蔻

· 171 ·

连翘

· 172 ·

胡椒

· 173 ·

草棉

· 174 ·

# 第 五 章 真菌及藻类

毛头鬼伞
· 193 ·

木耳
· 194 ·

银耳
· 195 ·

头状秃马勃
· 196 ·

草菇
· 196 ·

茯苓
· 197 ·

柱状田头菇
· 198 ·

长裙竹荪
· 198 ·

灵芝
· 199 ·

裂褶菌
· 200 ·

紫菜
· 200 ·

裙带菜
· 201 ·

海带
· 201 ·

鹅掌菜
· 202 ·

羊栖菜
· 202 ·

# 认识药用植物

## 植物的结构

### 花

花通常被称为花朵，是被子植物的繁殖器官。花用它们的色彩和气味吸引昆虫来传播花粉。有些植物的花单生于植株上，有些植物的花则簇生于植株上。大多数植物的花同时具有雌蕊和雄蕊，这在植物学上称为"完全花""两性花"或"雌雄同花"。不过，也有一些植物的花是"不完全花"或"单性花"，即只有雄蕊或雌蕊的花。如果雌花与雄花分别生长在不同的植株上，则称为"雌雄异株"；相反，如果单性的雄花和雌花生于同一植株，则称为"雌雄同株"。

月季花

海芋

### 叶

叶是维管植物的营养器官之一，是种子植物制造有机物质极为重要的器官。通常植物的叶子是由表皮、叶肉、叶脉3个部分组成，并且每个部分又可以再细分。各部分同时执行着各自的功能，以保证植物正常生存。大多数植物的叶子是绿色的，因为其中含有叶绿素；也有些植物的叶子是其他颜色的，有的植物的叶子则随生长期不同而变换不同的颜色。

### 种子

种子是裸子植物、被子植物特有的繁殖体，由胚珠经过传粉、受精形成。一般植物的种子由种皮、胚和胚乳3个部分组成，种子的大小、形状、颜色因种类不同而不同。种子表面有的光滑发亮，有的暗淡或粗糙。有的种子还具有翅、冠毛、刺、芒和毛等附属物，这些都有助于种子的传播。

黑豆

大豆

1

## 果实

果实是被子植物的花经过传粉、受精后，由子房或花的其他部分参与而发育形成的器官，具有果皮及种子两个部分，一般结构为果皮包被一个或多个种子。果实一般可归纳成 3 类：由一朵花中的单个雌蕊的子房形成的果实称"单果"（如桃、李等）；由一朵花中的数个离生雌蕊及花托共同形成的果实称"聚合果"（如草莓等）；由整个花序发育形成的果实称"聚花果"或"复果"（如无花果等）。

无花果

## 根

缬草根

一般指植物在地下的部位，主要起到固持植物体，吸收水分和溶于水中的矿物质，将水与矿物质输导到茎，以及储藏养分的作用。当种子萌发时，胚根发育成幼根突破种皮，与地面垂直向下生长为主根。当主根生长到一定程度时，从其内部生出许多支根，称为侧根。除了主根和侧根外，在茎、叶或老根上生出的根，叫作不定根。根经过反复多次分支，形成整个植物的根系。

## 茎

茎是维管植物地上部分的骨干，上面着生叶、花和果实。茎具有输导营养物质和水分以及支持叶、花和果实在一定空间生存的作用，有的还具有进行光合作用、贮藏营养物质和繁殖的功能。大多数种子植物茎的外形为圆柱形，也有少数植物的茎为其他形状，如有些仙人掌科植物的茎为扁圆形或多棱柱形。茎具有分枝是普遍现象，分枝能够增加植物的体积，使植物可以充分地利用阳光和外界物质，有利于植物繁殖。

大豆苗

# 药用植物的叶

　　叶片大小和形状、叶序等都是鉴别药用植物的关键，特别是当一种药用植物花的特征不明显的时候，叶的特征显得尤为重要。药用植物叶子的形状大致有三角形、倒卵形、匙形、琵琶形、倒披针形、长椭圆形、心形、倒心形、线形、镰形、卵形、披针形、倒向羽裂形、戟形、肾形、圆形、箭头形、椭圆形、卵圆形、针形等，如下图所示：

三角形　　　　倒卵形　　　　匙形　　　　琵琶形　　　　倒披针形

长椭圆形　　　心形　　　　倒心形　　　　线形　　　　镰形

卵形　　　　披针形　　　倒向羽裂形　　　戟形　　　　肾形

圆形　　　　箭头形　　　椭圆形　　　　卵圆形　　　　针形

3

单叶——每个叶柄上只长有一个叶片。

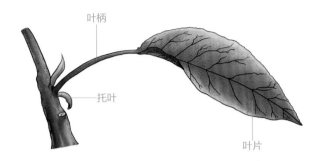

叶片是叶的主体部分，通常为很薄的扁平体。

托叶是叶柄基部、两侧或腋部所着生的细小、绿色或膜质片状物。

叶柄是叶片与茎的联系部分，其上端与叶片相连，下端着生在茎上。叶柄通常位于叶片的基部。

叶片上粗细不等的脉络，叫作叶脉。叶脉分两种：

网状脉——叶脉相互交错，形成网状。大多数双子叶植物的叶脉为网状脉。

平行脉——叶脉互不交错，大体上平行分布。大多数单子叶植物的叶脉为平行脉。

复叶——包括很多种类。

二回二出羽状复叶

二回偶数羽状复叶

掌状复叶

单身复叶

掌状三出复叶

羽状三出复叶

奇数羽状复叶

偶数羽状复叶

叶缘——叶片的边缘。常见的叶缘类型有：

**缺刻**

叶片边缘凹凸不齐，如黄瓜叶等。

**浅波状**

周边稍显凸凹而呈波纹状，如弯花筋骨草叶、肉穗草叶、金丝木通叶等。

**睫毛状**

周边齿状，齿尖两边相等，且极细锐，如石竹叶等。

**齿状**

周边齿状，齿尖两边相等，且较粗大，如红罂粟叶、苦菜叶等。

**圆锯齿状**

周边有向外凸出的圆弧形的缺刻，两弧线相连处形成一内凹尖角，如紫背草叶等。

**皱波状**

叶片三回三出分裂，如皱波黄堇叶、皱波角叉菜叶等。

**羽状浅裂**

叶片具羽状脉，裂片在中脉两侧像羽毛状分裂，裂片的深度不超过 1/2，如辽东栎叶等。

**全缘**

叶子周边平滑或近于平滑，如女贞叶、樟叶、紫荆叶、海桐叶等。

**羽状条裂**

末回小羽片顶端深裂成一些条状的裂片，如条裂铁线蕨叶等。

**重锯齿状**

周边锯齿状，齿尖两边不等，通常向一侧倾斜，齿尖两边亦呈锯齿状，如刺儿菜叶等。

**细锯齿状**

周边锯齿状，齿尖两边不等，通常向一侧倾斜，齿尖细锐，如茜草叶、墨头菜叶、甜根子草叶等。

**羽状深裂**

叶片具羽状脉，裂片深度超过 1/2，但叶片并不因为缺刻而间断，如抱茎苦荬菜叶等。

**羽状全裂**

叶片具羽状脉，裂片深达中央，造成叶片间断，裂片之间彼此分开，如鱼尾葵叶等。

**叶序**——叶在茎上排列的方式，类型包括轮生、对生、簇生、基生和互生。

轮生　　　　　　　　对生　　　　　　　　簇生

基生　　　　　　　　互生

# 药用植物的花

## 花的构造

花朵是种子植物的有性繁殖器官，有为植物繁殖后代的作用。如果花没有任何枝干，而是单生于叶腋，称为无柄花，其他花上与茎连接并起支持作用的小枝则称为花柄（花梗）。若花柄具分支，且各分支均有花着生，则各分支称为小梗。花柄的顶端膨大部分称为花托，花的各部分轮生于花托之上。一朵完整的花包括 6 个基本部分，即花柄、花托、花萼、花冠、雄蕊群和雌蕊群。

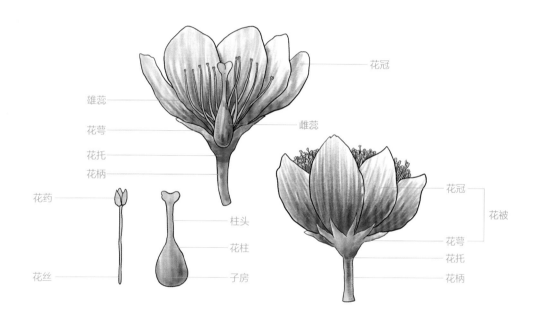

花萼：位于花的最外层的一轮萼片，通常为绿色，但也有些植物的花萼呈花瓣状。

花冠：位于花萼的内轮，由花瓣组成，较为薄软，常有颜色以吸引昆虫帮助授粉。

雄蕊群：为一朵花内雄蕊的总称。花药着生于花丝顶部，是形成花粉的地方，花粉中含有雄配子。

雌蕊群：为一朵花内雌蕊的总称，可由一个或多个雌蕊组成。组成雌蕊的繁殖器官称为心皮，包含有子房，子房室内有胚珠（内含雌配子）。

花柄（花梗）：是连接茎的小枝，也是茎和花相连的通道，并支持着花。花柄有长有短，也有的花无花柄。

花托：是花柄顶端略膨大的部分，着生花萼、花冠等部分，有多种形状。

花被：为花萼和花冠的合称。

# 花的形状

花的各部分及花序在长期的进化过程中，产生了各式各样的适应性变异，因而形成各种各样的类型。大约 25 万种被子植物中，就有 25 万种的花式样。

有些花被可从任何角度通过中央轴线一分为二，所得的两半都是对称相等的，这种花称为辐射对称花或整齐花，例如月季花和桃花。

有些花只能按一个角度切为两个对称面，称左右对称花或不整齐花，例如金鱼草花和兰花。

月季花　　　　桃花　　　　金鱼草花　　　　兰花

常见的花的形状分为以下几种：唇状、舌状、漏斗状、钟状、坛状、蝶状、高脚碟状和辐状。

唇状　　　　舌状　　　　漏斗状

钟状　　　　坛状

蝶状　　　　高脚碟状　　　　辐状

# 花序

花序是花柄上的一群或一丛花，依固定方式排列的形态，是植物的固定特征之一。花序分为无限花序和有限花序。多数植物的花，密集或稀疏地按一定排列顺序，着生在特殊的总花柄上。花序的总花柄或主轴称为花轴，也称为花序轴。花柄及花轴基部生有苞片，有的花序的苞片密集在一起，组成总苞，如菊科植物中的蒲公英等的花序。有的苞片转变为特殊形态，如禾本科植物小穗基部的颖片。常见的花序类型有以下 8 种：

## 1. 总状花序

每朵小花都有一个花柄与花轴有规律地相连，在整个花轴上可以看到不同发育程度的花朵，着生在花轴下面的花朵发育较早，而接近花轴顶部的花发育较迟。花轴单一、较长，自下而上依次着生有柄的花朵，各花的花柄大致长短相等，开花顺序由下而上。

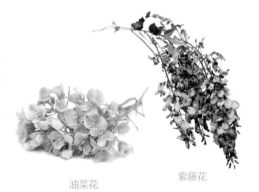

油菜花  紫藤花

千屈菜花

## 2. 穗状花序

花序与总状花序相同，只有一个花轴，花轴直立，其上着生许多无柄或柄很短的小花。小花为两性花。禾本科、莎草科、苋科和蓼科中的许多植物都具有穗状花序。

## 3. 柔荑花序

属于无限花序的一种，花轴较软，其上着生多数无柄或具短柄的单性花（雄花或雌花），花分为无花被和有花被，花序柔韧，下垂或直立，开花后常整个花序一起脱落。

柳树花

石竹花

## 4. 二歧聚伞花序

主轴上端节上具二侧轴，所分出侧轴又继续同时向两侧分出二侧轴的花序。如大叶黄杨、卫矛等卫矛科植物的花序，以及石竹、卷耳、繁缕等石竹科植物的花序。

### 5. 伞房花序

或称平顶总状花序，是变形的总状花序。不同于总状花序之处在于花序上各花花柄的长短不一，下部花花柄最长，愈近花轴上部的花花柄愈短，结果使得整个花序上的花几乎排列在一个平面上。花位于一近似平面上，如麻叶绣球、山楂等。几个伞房花序排列在花序总轴的近顶部者称复伞房花序，如绣线菊。

苹果花

梨花

### 6. 头状花序

由许多无柄小花（或仅有一朵花）密集着生于花序轴的顶部，聚成头状。外形酷似一朵大花，实为由多花（或一朵）组成的花序。一般由许多头状花序组成圆锥花序、伞房花序等。花轴极度缩短而膨大，呈扁形、铺展状，各苞片叶常集成总苞。

菊花

### 7. 圆锥花序

在长花轴上分生许多小枝，每一小枝自成一总状花序。整个花序由许多小的总状花序组成，故又称复总状花序。

苦荞麦花

### 8. 伞形花序

在开花期内，花序的初生花轴可继续向上生长、延伸，不断生出新的苞片，并在其腋中产生花朵。开的顺序是花序轴基部的花最先开放，然后向顶端依次开放。如果花序轴短缩，花朵密集，则花由边缘向中央依次开放。每朵花有近乎等长的花柄，从一个花柄顶部伸出多个花柄近似等长的花，整个花序形如伞，称伞形花序。每一个小花柄称为伞梗。

小茴香花

# 药用植物的果实

果实成熟的时候，果汁通常都很充足，也有一些果实的果皮为革质或木质，相对较干燥。裂果成熟的时候一般会自行裂开，释放出种子，但闭果却不开裂。药用植物的果实，一般有以下几种类型。

蒴果：蒴果是由合生心皮的复雌蕊发育成的果实，内含许多种子，成熟后裂开。蒴果有多种裂开方式，以释放种子。蒴果是被子植物常见的果实类型，芝麻科、罂粟科等许多植物具有蒴果。

芝麻

开心果

坚果：闭果的一个分类，果皮坚硬，木质化，内含1粒种子，与果皮分离，如开心果、榛子、板栗等的果实。许多乔木都会形成坚果，也有一些植物会形成小型坚果。

浆果：一种多汁肉质单果，由一个或几个心皮形成，含一粒至多粒种子，如葡萄、蓝莓、越橘、无花果等的果实。其鲜美的果肉常吸引动物来采食，这有助于种子的传播。

葡萄

向日葵

瘦果：闭果的一种，果皮坚硬、干燥、不开裂，一般为革质或木质，内含一粒种子，果皮与种皮只有一处相连。向日葵、荞麦、蒲公英等植物的果实都是瘦果。

　　蓇葖果：这是由离生心皮雌蕊发育而成的果实，果形多样，皮较厚，单室，内含一粒或多粒种子，成熟时果实仅沿一个缝线裂开。长春花科植物的果实是典型的蓇葖果，毛茛科植物也会形成蓇葖果。

八角

　　荚果：这是由单心皮雌蕊发育而成的果实，成熟时沿背缝（心皮中肋）和腹缝线（心皮边缘）开裂成两片果皮，将一粒或多粒种子散布于外。荚果是豆科植物特有的果实类型，大豆、豌豆、蚕豆等的果实为荚果。

豌豆

　　梨果：由合生心皮、下位子房与花萼筒发育形成的一种假果，内果皮纸质化或革质化，中果皮为肉质。蔷薇科植物，如梨、苹果、山楂等的果实为梨果。

梨

　　核果：这是由一个心皮发育而成的肉质果，一般内果皮木质化形成核，如桃、李、杏、橄榄等的果实。核果的特征跟浆果很相似，但是核果的内果皮比较硬。

杏

　　柑果：其果实由子房发育而成，可食用部分是内果皮里的汁囊，如柚子、橙子等的果实。

柚子

油菜

　　角果：由两个合生心皮发育而成，子房被假隔膜分成两室，种子着生于隔膜边缘两侧，如油菜、荠菜等的果实。

# 药用植物的种子

种子是裸子植物和被子植物特有的繁殖体，是由胚珠经过传粉、受精形成。一般植物的种子由种皮、胚和胚乳 3 个部分组成，但有的植物的种子只有种皮和胚两部分。种子具有适于传播或抵抗不良条件的结构，为植物的物种延续创造了良好条件。所以在植物系统发育过程中，种子植物能够取得优势地位。

种子的大小、形状、颜色因植物种类不同而不同。有的种子还具有翅、冠毛、刺、芒和毛等附属物，这些都有助于种子的传播。

## 种子的形状

| 椭圆形 | 扁圆形 | 肾形 | 圆球形 |

## 种子的颜色

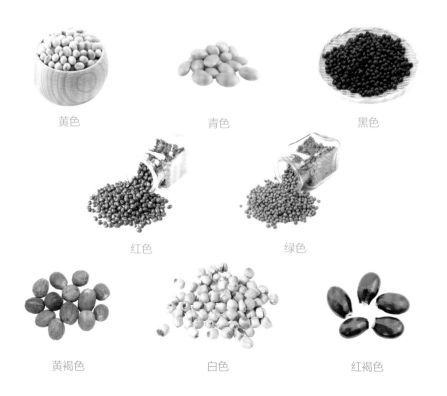

黄色　　　　青色　　　　黑色

红色　　　　绿色

黄褐色　　　白色　　　红褐色

## 自体传播

自体传播指种子靠植物体本身传播，不依赖其他的传播媒介。果实或种子本身具有重量，成熟后，果实或种子会因重力作用直接掉落地面。

柿子

蒲公英

## 风传播

有些种子会长出形状如翅膀或羽毛状的附属物，可乘风飞行。还有些细小的种子，它的表面积与重量相对比例较大，因此能够随风飘散。

## 水传播

靠水传播的种子，其表面为蜡质，不沾水，果皮含有气室，比重较水小，可以浮在水面上，经由水流传播。这类种子的种皮常具有丰厚的纤维质，可防止种子因浸泡、吸水而腐烂或下沉。

莲子

樱桃

## 鸟传播

靠鸟类传播的种子，大部分都是肉质的果实，例如浆果、核果及隐花果。果实被鸟采食后，种子经过鸟的消化道后排出。靠鸟类传播种子的植物是比较先进的一类，因为鸟类传播种子的距离是所有传播方式中最远的。

## 其他动物传播

人或动物若走在草丛中，会有许多植物的种子或果实粘在人的衣服上，或者粘在动物的身上，人或动物一走，种子或果实就被传播开了。

苍耳

# 药用植物的其他用途

## 烹饪

在烹饪过程中，有的药用植物可以作为食材使用，有的可以作为调味料或菜品的装饰使用，有的还有食疗功效。如黄花菜又名萱草，其鲜花可煎食、炒菜、做汤，最适宜置于蒸笼内蒸至萎蔫后晒制成干黄花食用。香椿的茎尖和嫩叶均可食用，如拌成凉拌菜，或以鸡蛋调和煎食、炒食等，有特殊香气，味道鲜美。百合的地下鳞茎剥去皮后可煮食或泡茶；农历腊月初八，民间素有吃"腊八粥"的习俗，以百合、红枣、莲子、薏苡仁、花生、红豆、糯米、腊肉丁等加水一起煮成粥即成。

香椿

## 调饮

植物饮料指的是以植物或植物提取物为原料，加工或发酵制成的饮料制品。世界各地的居民都会寻找当地的植物调制饮料，如各种果汁、茶、咖啡、豆浆等，其中茶和咖啡已经成为世界性的饮品，广泛受到人们的喜爱。

橙汁

## 泡酒

中药中的有效成分大多易溶于酒中，药借酒力、酒助药势而充分发挥其效力，提高疗效。补益药酒不仅被广泛应用于各种慢性虚损疾病的防治，还能延年益寿。如人参酒具有补气血、宁心安神、滋肝明目的功效；灵芝丹参酒具有治虚弱、益精神的功效。

灵芝和人参

## 驱赶蚊虫

一些药用植物可以被用作天然的驱虫剂。驱虫植物有夜来香、薰衣草等，这些植物在其生长期中会通过叶、花等组织或器官散发出某些气味或者特殊化学物质。这些气味或化学物质对人体无害，但能驱赶靠近人类的昆虫，所以人们常常用它们来驱虫。

驱虫植物

植物精油

## 制作精油

植物精油是萃取植物特有的芳香物质而制成的，是从植物的花、叶、根、树皮、果实、种子、树脂等部位以蒸馏、压榨等方式提炼出来的挥发性含香物质。其中，薄荷精油和百里香精油可减缓皮肤老化速度；薰衣草精油可清洁皮肤、控制油分、祛斑美白、祛皱嫩肤、祛除眼袋和黑眼圈，还可促进受损组织再生。传统的法国香水就是由植物精油、麝香和乙醇等物质混合配制而成的。

## 美化环境

植物还能改善生活环境，在办公室放一些栽培植物，如绿萝、花叶万年青、仙人掌等，能清除各种污染物，包括对人体健康有不利影响的香烟、清洁剂和喷雾胶中的各种有害物质。植物还可以释放氧气，吸收二氧化碳，改善环境，清新洁净的空气可使人的思维更加敏捷，注意力更加集中。大型植物还可以降低办公室内令人不适的噪声。棕榈类植物可增加空气的湿度。

仙人掌

第
一
章

# 茎及叶类

茎，一般指生长在地面以上、位于植物的根和叶之间的营养
器官，它既有输导营养物质和水分的作用，又有支持植物体
的作用。叶，可进行光合作用、呼吸作用、养分转化作用和
蒸腾作用，是绿色植物重要的营养器官之一。常用的茎及叶
类药用植物有肉苁蓉、夏枯草、石斛等。

# 蒲公英

又名黄花地丁、婆婆丁、华花郎、尿床草等。

**药用功效：** 蒲公英可以全草入药，具有清热解毒、利尿通淋、消肿散结的功效。蒲公英做成食物还有催乳的作用，取其煎汁内服可以辅助治疗乳腺炎。蒲公英叶子捣烂外敷可改善湿疹、皮肤炎症。蒲公英的花朵煎成药汁涂抹皮肤，可淡化雀斑。

**生长习性：** 蒲公英对土壤要求不高，抗寒，耐热，适应性广，常生于中、低海拔地区的山坡草地、路边、田野、河滩等地。

**植物形态：** 多年生草本植物，茎中含白色乳汁。根深长，略呈圆锥状，弯曲，表面棕褐色，根头部有棕色或黄白色的茸毛。叶柄常带紫红色。花葶紫红色，头状花序单一，顶生。瘦果暗褐色，倒卵状披针形。

**分布区域：** 全国大部分地区均有分布。

舌状花黄色，舌片背面具紫红色条纹

多年生草本植物，高 10~25 厘米，茎中含白色乳汁

根粗壮

种子上有白色冠毛结成的绒球

裂片三角形或三角状披针形

叶根生，排成莲座状，狭倒披针形，大头羽裂

**药用小知识：** 蒲公英药用价值很高，但由于它药性寒，体质虚寒者慎用，体内无实热者禁用。过量服用可能会造成身体不适，例如出现呕吐、腹泻、恶心等症状。少数人可能对蒲公英所制的药剂有过敏反应，应谨慎使用。

**小贴士：** 蒲公英可生吃、炒食、做汤，是药食兼用的植物。蒲公英还可以泡水喝，晒干、鲜食均可。

| 科属：菊科、蒲公英属 | 药用部位：全草 | 性味：味甘、苦，性寒 |
| --- | --- | --- |

# 肉苁蓉

又名寸芸、苁蓉、大芸、地精、查干告亚等。

**药用功效：** 肉苁蓉具有温补肾阳、生精血的功效，月经不调、宫寒不孕、慢性盆腔炎、腰痛、耳鸣患者，以及有由肾阳虚衰、精血不足所导致的阳痿、遗精、尿频等症者可对症使用。现代研究表明，肉苁蓉可以调整内分泌、促进新陈代谢、增强免疫力，还有一定的抗衰老作用。取30克肉苁蓉和30克粳米熬煮成粥服食，可改善老年性多尿症。

**生长习性：** 喜生于轻度盐渍化的松软沙地上，适宜生长区的气候干旱，降雨量少，蒸发量大，日照时间长，昼夜温差大。一般寄生在梭梭树和红柳的根部。

茎不分枝或自基部分2~4枝，向上渐细，直径2~5厘米

穗状花序

干品表面灰棕色或棕褐色，有纵沟

花序淡黄白色或淡紫色

叶肉质，鳞片状，螺旋状排列，淡黄白色，下部叶紧密，宽卵形或三角状卵形

**植物形态：** 多年生寄生草本植物，大部分地下生长。茎呈圆柱状而稍扁，肉质肥厚，多不分枝，表面黄色至褐黄色，密被肥厚的肉质鳞片。穗状花序；小苞片卵状披针形或披针形；花蒴果卵球形，2瓣开裂。

**分布区域：** 分布于内蒙古、甘肃、宁夏、陕西、新疆等地。

**药用小知识：** 火盛便闭、心虚气胀、泄泻、肾中有热、强阳易兴而精不固者忌用。哺乳期和孕期的女性应遵医嘱慎用。

**古籍名医录：** 《本草汇言》："肉苁蓉，养命门，滋肾气，补精血之药也。男子丹元虚冷而阳道久沉，妇人冲任失调而阴气不治，此乃平补之剂，温而不热，补而不峻，暖而不燥，滑而不泄，故有从容之名。"

花冠筒状钟形

| 科属：列当科、肉苁蓉属 | 药用部位：茎 | 性味：味甘、咸，性温 |
| --- | --- | --- |

# 淫羊藿

又名三枝九叶草、仙灵脾、牛角花、三叉风、羊角风等。

**药用功效：** 淫羊藿有补肾固阳、祛风湿、利水消肿的作用，有阳痿、小便淋沥、咳嗽、虚火、牙龈肿痛、风湿疼痛等症的人可对症使用。淫羊藿如配仙茅、肉苁蓉等，加水煎服，可改善腰膝酸软。

**生长习性：** 生于海拔200~1750米的地区，一般生于山坡草丛中、水沟边、林下、灌丛中及岩边石缝中。

**分布区域：** 主要分布于陕西、四川、湖北、青海、河南、甘肃等地。

**药用小知识：** 不可长期服用。阴虚火旺者、强阳不痿者或有梦遗精者忌用。

**你知道吗？** 有动物实验表明，使用淫羊藿后会降低提肛肌、睾丸、附睾的重量和血浆睾丸素的含量。

叶为二回三出复叶，有长柄

干品色泽暗淡，为棕褐色

根茎长，横走，质硬，须根多数

花瓣较小，白色、淡黄色或淡紫色

| 科属：小檗科、淫羊藿属 | 药用部位：叶、茎、花 | 性味：味辛、甘，性温 |
| --- | --- | --- |

# 蛇莓

又名鸡冠果、野杨梅、蛇蔧、地莓、一点红、老蛇泡、蛇蓉草等。

**药用功效：** 蛇莓具有清热解毒、止血止痢、消肿散瘀的功效，可缓解咳嗽、小儿高热、咽喉肿痛、月经过多等症状；捣烂外敷，可辅助治疗湿疹、疔疮、毒蛇咬伤

等。取50克鲜蛇莓全草，用水煎服，可治痢疾；还可与虎杖根配伍，治疗烫伤。

**生长习性：** 喜光照，耐寒，耐旱，耐阴湿，耐贫瘠，一般为野生。

**分布区域：** 分布于辽宁、河北、河南、江苏、安徽、湖北、湖南、四川、重庆、浙江、江西、福建、广东、广西、云南、贵州、山东、陕西等地。

**药用小知识：** 尤适宜感冒、白喉、小儿高热惊风、黄疸型肝炎、细菌性痢疾患者。

三出复叶互生，小叶菱状卵形，边缘具钝齿，两面均被疏毛，具托叶

叶柄长1~5厘米

瘦果卵形，长约1.5毫米，花托鲜红色，光滑或具不明显凸起，有光泽

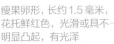
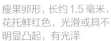

| 科属：蔷薇科、蛇莓属 | 药用部位：全草、果实 | 性味：味甘、苦，性寒 |
| --- | --- | --- |

# 龙葵

又名苦菜、苦葵、老鸦眼睛草、天茄子等。

**药用功效：** 龙葵具有清热解毒、活血凉血、散瘀消肿的功效，痔疮、痢疾、乳腺炎、尿路感染患者可对症使用。它的果实可以降低中老年人的血液黏稠度，提高血液中的氧含量，也可帮助改善癌症患者化疗后的食欲不振、疲倦乏力等症状。现代药理研究表明，龙葵有调节免疫力、保护肾脏、抗氧化、降血压、抗炎等功效。

**生长习性：** 喜温暖湿润气候和潮湿环境。多生于田地，以及荒村和村庄附近。

**植物形态：** 龙葵茎无棱或棱不明显，呈绿色或紫色，近无毛或微微有柔毛。叶为卵形或近菱形，先端呈短尖状，全缘或每边具不规则的波状粗齿，光滑或两面均有稀疏短柔毛。短蝎尾状花序侧生或腋外生，萼小，浅杯状；花冠白色，筒部隐于萼内；花丝短，花药黄色；子房卵形，花柱中部以下被白色茸毛，柱头小，头状。

**分布区域：** 全国大部分地区均有分布。

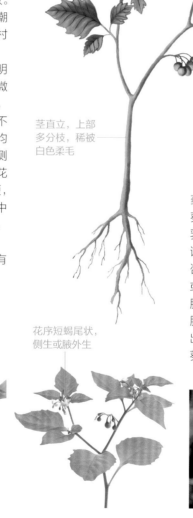

叶片呈卵形或近菱形，叶缘有波状疏锯齿，叶片大小差异很大

茎直立，上部多分枝，稀被白色柔毛

**药用小知识：** 脾胃虚弱者禁用龙葵，低血糖者也不适合服用。哺乳期女性在使用龙葵前请务必咨询医生；孕妇忌内服，外用也请咨询医生。研究显示，长期使用或者过量使用龙葵，会导致白细胞下降，损害肝功能，还会导致腹痛、恶寒盗汗、昏迷等。如果出现以上的情况，应立刻停用龙葵，并及时到医院就诊。

花冠白色，冠檐5深裂，裂片反折

花序短蝎尾状，侧生或腋外生

| 科属：茄科、茄属 | 药用部位：全草 | 性味：味苦、性寒 |
| --- | --- | --- |

# 香薷

又名香茹、香草、水荆芥、臭荆芥、野苏麻等。

**药用功效：** 香薷祛湿利水、发汗解表、消肿消炎、平喘止咳，风寒头痛、发热、胸闷腹痛、腹泻、水肿、小便不利、麻疹不透患者可对症使用。取5克香薷、薄荷、淡竹叶，10克车前草，加适量清水煎取药汁，代茶饮服，可清热除烦、利尿清心，缓解心烦尿赤、口干口苦的症状。现代研究表明，香薷可以抗菌、抗病毒、抗氧化、镇痛、镇静、增强免疫力，湿疹、急性细菌性痢疾患者可对症使用。

**生长习性：** 生于海拔3 400米以下的道路旁、山坡、荒地、林内、河岸等处。对土壤要求不高，一般土地都可以栽培。

**植物形态：** 香薷有密集的须根。茎通常从中部以上分枝，钝四棱形，无毛或有疏柔毛，常呈麦秆黄色，老时变紫褐色。叶子卵形或椭圆状披针形，先端渐尖，边缘有锯齿，上面绿色，疏被小硬毛，下面淡绿色，主脉上疏被小硬毛，余部散布松脂状腺。

花序为穗状

茎通常自中部以上分枝，无毛或被疏柔毛

茎钝四棱形

花淡紫色

**分布区域：** 主要分布于辽宁、河北、山东、河南、安徽、江苏、浙江、江西、湖北、四川、贵州、云南、陕西、甘肃等地。

**药用小知识：** 表虚自汗、阴虚有热的人禁止服用。有资料显示，热服香薷汤剂容易呕吐，所以内服时，适合凉饮。

叶卵形或椭圆状披针形，上面绿色，疏被小硬毛，下面淡绿色

| 科属：唇形科、香薷属 | 药用部位：茎叶 | 性味：味辛，性温 |
|---|---|---|

# 荆芥

又名姜芥、假苏、鼠蓂、线荠、四棱杆蒿等。

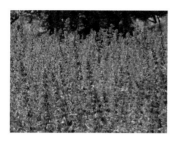

**药用功效：** 荆芥具有祛风解表、透疹发汗的功效，麻疹、便血、崩漏、感冒、头痛、目赤、咳嗽、咽喉肿痛、产后血晕者可对症使用。用荆芥加水煎煮取汁，每日擦洗患处，可改善痔漏肿痛。干荆芥穗研末，每天黄酒送服 10 克，可缓解头晕目眩、风气头痛症。荆芥还具有抗肿瘤、止血、松弛气管平滑肌等作用。

**生长习性：** 喜阳光，多生长在温暖湿润的环境中，以疏松、肥沃的土壤为佳。

**分布区域：** 分布于新疆、甘肃、陕西、河南、山西、山东、湖北、贵州、四川、云南等地。

**药用小知识：** 表虚自汗、阴虚头疼者不适用荆芥。长时间服用荆芥的话，可能会出现口渴的症状。

**小贴士：** 荆芥煎煮时间不宜过长。挥发油是荆芥里面发挥作用的有效成分，若煎煮时间太长，其有效成分会过早挥发，导致药效降低。

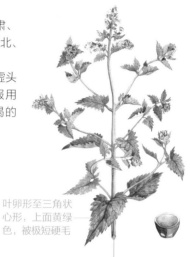

花冠白色或淡紫红色，外被白色柔毛

叶卵形至三角状心形，上面黄绿色，被极短硬毛

茎坚强，基部木质化，多分枝

| 科属：唇形科、荆芥属 | 药用部位：茎叶、花穗 | 性味：味辛，性微温 |
| --- | --- | --- |

# 苎麻

又名野麻、家麻、苎仔、青麻、白麻等。

**药用功效：** 苎麻具有清热解毒、理气安胎、凉血止血的功效，肾炎水肿、尿路感染、先兆流产、胎动不安、感冒发热者可对症使用。苎麻叶捣烂外敷可以缓解跌打损伤、骨折、出血性疾病等症状。苎麻根内用清热利尿、凉血安胎，外用治跌打损伤、疮疡肿毒。现代研究表明，苎麻有抗菌的作用。

**生长习性：** 喜温暖和短日照，生于海拔 200~1 700 米的山谷林边或草坡。苎麻的生长对降雨量有要求，需要每年的降雨量超过 800 毫米，土壤的含水量最好为 20%~24%，土壤的 pH 值为 6.0~7.0，此条件下，苎麻产量会比较高。

**分布区域：** 分布于云南、贵州、广西、广东、福建、江西、台湾、浙江、湖北、四川、甘肃、陕西、河南等地。

**药用小知识：** 胃弱泄泻者和无实热者禁止服用。

叶互生，宽卵形或近圆形，表面粗糙

高 1~2 米，茎密生柔毛

根膨大，呈萝卜状，褐色

| 科属：荨麻科、苎麻属 | 药用部位：叶、根 | 性味：味甘，性寒 |
| --- | --- | --- |

# 薄荷

又名人丹草、蕃荷菜、野薄荷、夜息香等。

**药用功效：** 薄荷可清咽利喉、疏风散热、发汗透疹、清热解毒、利肝解郁、明目止泻，头疼目赤、感冒发热、咽喉肿痛、麻疹不透者可对症使用。薄荷叶洗净捣烂外敷，可消炎止痛；洗净薄荷叶煎汤单服，可改善血痢。现代医学研究表明，薄荷有抗炎、镇痛、抗肿瘤等作用。

**生长习性：** 喜温暖湿润环境，适应性很强，生长初期和中期对水分需求旺盛，以疏松肥沃、排水良好的沙壤土为佳。

**分布区域：** 全国大部分地区均有分布，主产于江苏、浙江、江西等地。

**药用小知识：** 薄荷虽然具有清利头目、疏散风热的作用，但药性偏凉，不适合治疗由风寒引起的感冒头疼，多用来治疗风热引起的感冒。患者出现感冒症状时，要先查明原因再对症下药，不能盲目使用薄荷。阴虚血燥、肝阳偏亢、表虚汗多者忌服。因为薄荷有退乳作用，哺乳期妇女一般不宜多用。

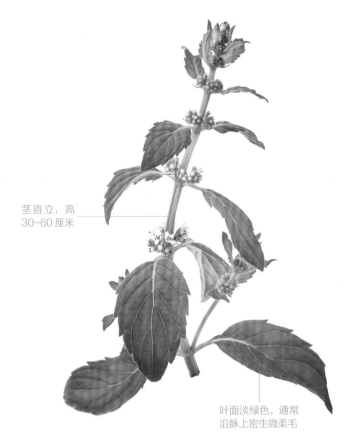

茎直立，高30~60厘米

叶面淡绿色，通常沿脉上密生微柔毛

**古籍名医录：**《本草纲目》："利咽喉，口齿诸病，治瘰疬、疮疥，风瘙瘾疹……薄荷入手太阴，足厥阴，辛能发散，凉能清利，专于消风散热，故头痛、头风、眼目、咽喉、口齿诸病，小儿惊热及瘰疬、疮疥为要药。戴元礼治猫咬，取其汁涂之有效，盖取其相制也。"

**小贴士：** 选购本品，以身干、无根、叶多、色绿、气味浓者为佳。

薄荷的花朵较小，花呈红、白或淡紫色

叶片长圆状披针形、披针形、椭圆形、卵状披针形或稀长圆形

| 科属：唇形科、薄荷属 | 药用部位：茎叶 | 性味：味辛，性凉 |
| --- | --- | --- |

# 夏枯草

又名铁色草、大头花、棒柱头花、羊肠菜、锣锤草、六月干、棒头柱等。

**药用功效：** 夏枯草具有清肝明目、消肿散结的功效，黄疸、高血压、淋病、带下、产后血晕患者可对症使用。取等量的夏枯草、蒲公英，洗净后用适量酒煎服，可治乳痈初起。新鲜夏枯草洗净后煎成浓汁，每天洗患处，可淡化汗斑白点。现代研究表明，夏枯草可以降血压、抗炎、镇咳、抗氧化等。

**生长习性：** 适宜生长在潮湿温暖的环境中，耐寒，适应性强，喜阳光，常生于疏林、荒山、田埂及路旁。

**植物形态：** 夏枯草根茎匍匐，在节上生须根。茎下部伏地，自基部多分枝，钝四棱形，紫红色，被稀疏的糙毛或近于无毛。叶卵状长圆形或卵圆形，边缘具不明显的波状齿或几近全缘，草质，上面橄榄绿色，具短硬毛或几无毛，下面淡绿色，几无毛。

**分布区域：** 全国大部分地区均有分布，主要分布于陕西、甘肃、新疆、河南、湖北、湖南、江西、浙江、福建、台湾、广东、广西、贵州、四川、云南等地。

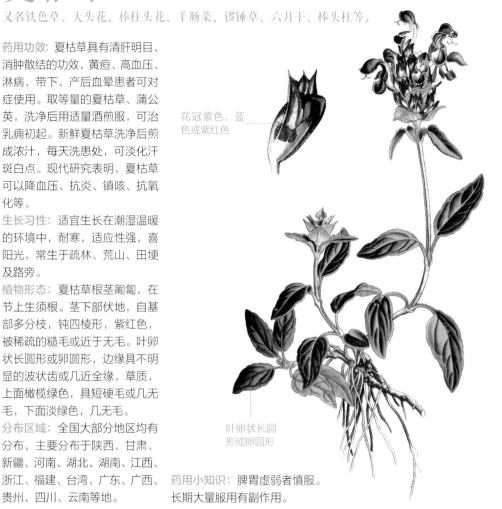

花冠紫色、蓝色或紫红色

叶卵状长圆形或卵圆形

**药用小知识：** 脾胃虚弱者慎服。长期大量服用有副作用。

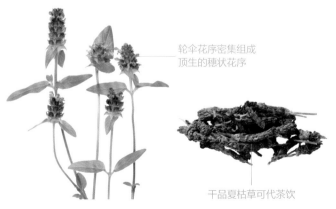

轮伞花序密集组成顶生的穗状花序

干品夏枯草可代茶饮

**你知道吗？** 夏枯草夏天枯黄，此时采集入药，其因有此特性而被称为"夏枯草"。

| 科属：唇形科、夏枯草属 | 药用部位：茎叶、花穗 | 性味：味苦、辛，性寒 |
|---|---|---|

# 益母草

又名益母蒿、益母艾、红花艾、坤草、茺蔚、三角胡麻、四楞子棵野麻等。

**药用功效：**益母草具有活血化瘀、利水消肿的功效，女性月经量少、血晕、崩中漏下、尿血、泻血者可对症使用。益母草中富含硒、锰等微量元素，有抗氧化、防衰老的作用，女性适量食用可益颜美容、抗衰防老。现代研究表明，益母草还具有改善冠脉微循环、改善肾功能、改善脑部血液循环、保护心脏等作用。

**生长习性：**喜温暖湿润气候，喜阳光，以较肥沃的土壤为佳。生于山野荒地、田埂、草地。

花冠淡红色至淡紫红色

茎中部叶轮廓为菱形，较小

茎下部叶轮廓为卵形，基部宽楔形，裂片呈长圆状菱形至卵圆形

小坚果褐色，三棱形

茎直立，钝四棱形，微具槽，有倒向糙伏毛

**植物形态：**益母草茎直立，钝四棱形，有倒向糙伏毛，在节及棱上尤为密集，在基部有时近于无毛，多分枝，或仅于茎中部以上有能育的小枝条。叶轮廓变化很大，茎下部叶轮廓为卵形。轮伞花序腋生，呈圆球形，最上部的苞叶几乎没有柄，花萼管状钟形，花冠淡红色或紫红色。

**分布区域：**全国各地均有栽培。

**药用小知识：**孕妇禁用。无瘀滞者及阴虚血少者忌用。

**古籍名医录：**《本草纲目》："益母草之根、茎、花、叶、实，并皆入药，可同用。若治手、足厥阴血分风热，明目益精，调女人经脉，则单用茺蔚子为良。若治肿毒疮疡，消水行血，妇人胎产诸病，则宜并用为良。盖其根、茎、花、叶专于行，而其子则行中有补故也。"

| 科属：唇形科、益母草属 | 药用部位：全草 | 性味：味辛、苦，性微寒 |
|---|---|---|

# 活血丹

又名遍地香、地钱儿、铳儿草、连钱草、铜钱草等。

**药用功效：** 活血丹具有活血散瘀、祛湿通淋、消肿通络、清热解毒的功效，脾胃冷寒、风湿疼痛、湿热黄疸、疮痈肿痛患者可对症使用。鲜品外敷可缓解跌打损伤、动筋折骨、跌堕矼磕、刀斧伤等症状。活血丹的花可以泡茶饮用，有活血通络的功效，但不适宜搭配其他花茶。现代药理研究表明，活血丹可以抗炎、抗菌。

**生长习性：** 生命力顽强，多生长在较阴湿的荒地、山坡林下、草地中、溪水边及路旁。

**分布区域：** 除了甘肃、青海、新疆及西藏外，全国各地均有分布。

**药用小知识：** 孕妇和哺乳妇女禁用，阴虚血虚者也要谨慎使用。活血丹服用过多，可能会出现恶心和眩晕的症状。

花淡蓝、蓝至紫色，花冠二唇形，下唇具深色斑点

叶草质，叶片心形或近肾形，叶片边缘具圆齿或粗锯齿状圆齿，被疏粗伏毛或微柔毛

茎四棱形，基部通常呈淡紫红色，几无毛，幼嫩部分被疏长柔毛

| 科属：唇形科、活血丹属 | 药用部位：茎叶、花 | 性味：味苦、辛，性凉 |
| --- | --- | --- |

# 凤眼莲

又名凤眼蓝、水葫芦、水浮莲等。

**药用功效：** 凤眼莲具有清热解毒、安神、消肿、利水、促消化的功效，水肿、中暑、风热感冒、小便不利、风疹、湿疮者可对症使用。捣烂或研末外敷于患处，可缓解热疮不适。

**生长习性：** 喜欢生长在向阳、平静的水面，或潮湿肥沃的水边坡地。

**分布区域：** 全国各地均有分布。

**药用小知识：** 尤适宜风热感冒、水肿、中暑烦渴、热淋、小便不利、尿路结石、风疹、湿疮、疔肿患者服用。

**你知道吗？** 凤眼莲可以检测环境污染状况。在凤眼莲的生长过程中，会吸收环境中的重金属元素，如汞、镉、铅等，对有机物比较多的工业废水或者生活污水有很好的净化效果。凤眼莲的干粉或者燃烧后的灰烬可作为肥料或者土壤改良剂使用。

穗状花序，花茎单生，花为蓝紫色

茎极短

叶丛生而直伸，倒卵状圆形或卵圆形，全缘，鲜绿色而有光泽，质厚

| 科属：雨久花科、凤眼莲属 | 药用部位：全草、根 | 性味：味辛、淡，性凉 |
| --- | --- | --- |

# 车前

又名车前草、猪耳朵草、牛舌草、平车前等。

**药用功效：**车前常称车前草，具有清热解毒、利肝明目、润肺化痰的功效，目赤、喉痛、咳嗽、小便不畅、带下、黄疸、淋浊、浮肿、热痢者可对症使用。鲜车前草还有很好的食疗效果，取100克鲜车前草与其他凉菜同拌食之，可缓解口腔炎症。现代研究表明，车前草还可降低血尿酸、保护肝脏。

**生长习性：**生于草地、草甸、河滩、沟边、沼泽地、山坡、路旁、田边或荒地。车前草的适应能力很强，抗寒耐热，对土壤的要求不高，喜欢温暖潮湿的环境。

**植物形态：**车前草具须根。叶基生，具长柄，几与叶片等长或长于叶片，基部扩大；叶片卵形或椭圆形，先端尖或钝，基部狭窄成长柄，全缘或呈不规则波状浅齿。花冠白色，蒴果卵状圆锥形，种子近椭圆形，黑褐色。

穗状花序细圆柱状

**分布区域：**分布于黑龙江、吉林、辽宁、内蒙古、河北、山西、陕西、甘肃、青海、新疆、海南、四川、云南、西藏等地。

**药用小知识：**车前草性寒，内伤劳倦、阳气下陷、肾虚精滑、体质虚寒、内无湿热者慎用。正在服用碳酸锂、醋酸锂、枸橼酸锂等药物者，使用车前草前务必咨询医生。

种子近椭圆形，具角，腹面隆起或近平坦，黑褐色

叶基生，叶片草质、薄纸质或纸质，卵圆形至椭圆形

花无梗，花冠白色，花药椭圆形

| 科属：车前科、车前属 | 药用部位：全草 | 性味：味甘，性寒 |

# 地笋

又名泽兰、地参、地藕、地瓜儿苗、地石蚕、蛇王草等。

**药用功效：** 地笋即中药泽兰，具有活血化瘀、利尿、疏肝解郁的功效，女性月经不调、经闭、痛经、产后瘀血腹痛、腰膝酸痛、腹部水肿者可对症使用。取200克鲜泽兰，煎汤熏洗后再用枯矾煎汁清洗患处，可改善产后阴户燥热。目前，泽兰也被用于慢性前列腺炎的治疗。

**生长习性：** 生于沼泽地、水边、草地、灌木丛中。

**植物形态：** 泽兰茎呈方柱形，少分枝，四面均有浅纵沟；表面黄绿色或带绿色，节处紫色明显，有白色茸毛；质脆，断面黄白色。叶对生，有短柄；叶片多皱缩，展平后呈披针形或长圆形；上表面黑绿色，下表面灰绿色；先端尖，边缘有锯齿。

**分布区域：** 全国大部分地区均有分布。

**药用小知识：** 孕妇禁用。无瘀血者谨慎使用。

叶对生，有短柄，披针形或长圆形

茎方柱形，沿棱及节上密生白色茸毛

轮伞花序腋生，花萼钟形，花冠白色

| 科属：唇形科、地笋属 | 药用部位：茎叶 | 性味：味苦、辛，性微温 |
|---|---|---|

# 茵陈蒿

又名茵陈、绵茵陈、绒蒿等。

**药用功效：** 茵陈蒿全草入药，有清湿热、去黄疸的功效，感冒、肝炎、尿路结石、尿路感染患者可对症使用。其幼苗可缓解热肿、咽喉肿痛、肺热等症。其根可辅助治疗气管炎和肺病。现代研究表明，茵陈蒿具有保护肝脏、降血压和血脂、镇痛消炎、抗肿瘤、抗动脉粥样硬化、抗氧化、抑制病原微生物、增强免疫力等作用。

**生长习性：** 生于低海拔地区，多见于河岸、海岸附近的湿润沙地、路旁及低山坡地区。

**分布区域：** 分布于辽宁、河北、陕西、山东、江苏、安徽、浙江、江西、福建、台湾、河南、湖北、湖南、广东、广西及四川等地。

**药用小知识：** 蓄血发黄、血虚萎黄者需谨慎使用。大量使用茵陈蒿对胃肠道有一定的刺激性。正在服用氯霉素等药物者，使用茵陈蒿前务必咨询医生。

叶互生，一至三回羽状全裂

高1~2米，茎密生柔毛

| 科属：菊科、蒿属 | 药用部位：全草 | 性味：味苦、辛，性微寒 |
|---|---|---|

# 葎草

又名拉拉藤、五爪龙、勒草、黑草、葛葎蔓、葛勒蔓等。

**药用功效：** 葎草具有清热、利尿、解毒、消肿的功效，感冒发热、肺结核、慢性胃肠炎、小便不利、慢性肾炎、痢疾、膀胱炎、泌尿系统结石患者可对症使用。捣烂外敷可缓解湿疹、毒蛇咬伤。取250克鲜葎草茎，捣烂后加适量开水拌匀，滤渣饮服，可改善小便不利。现代研究表明，葎草具有抑制金黄色葡萄球菌、粪链球菌、肺炎链球菌、白喉杆菌、炭疽杆菌、枯草杆菌等的作用。

**生长习性：** 喜半阴环境，耐寒、耐旱，生长速度快，适应能力强。以排水良好的肥沃土壤为佳。

**分布区域：** 除新疆、青海外，南北各地均有分布。

**药用小知识：** 葎草性寒，孕妇慎用。

**你知道吗？** 葎草的茎皮纤维可被用作造纸的原料，种子油可制成肥皂，果穗可当啤酒花使用。

雄花为圆锥花序，黄绿色

茎枝和叶柄上密生倒刺，有分枝，具纵棱

叶掌状，裂片卵形或卵状披针形，背面有柔毛和黄色腺体，叶缘有锯齿

成株茎长可达5米

| 科属：大麻科、葎草属 | 药用部位：茎叶 | 性味：味甘、苦，性寒 |
| --- | --- | --- |

# 青蒿

又名草蒿、廪蒿、邪蒿、香蒿等。

**药用功效：** 青蒿具有清热解毒、祛暑解烦、凉血止血、通利小便等功效，中暑、发热、阴虚、痢疾、湿热黄疸患者可对症使用。取50克青蒿叶和5克甘草，加适量清水煎汁饮服，可缓解暑毒热痢。

**生长习性：** 常星散生于低海拔、湿润的河岸边沙地、山谷、林缘、路旁等，也见于滨海地区。

**分布区域：** 分布于吉林、辽宁、河北、陕西、山东、江苏、安徽、浙江、江西等地。

**药用小知识：** 脾胃虚弱、内寒作泻、饮食停滞泄泻者禁用。产后血虚者慎用。

**小贴士：** 青蒿煎汁时间不宜过久，比较适合在停火前5~10分钟放入，因为它发挥作用的有效成分是挥发油和倍半萜类化合物，这些物质煎煮时间长了容易挥发，从而影响药效。

头状花序半球形或近半球形，花淡黄色

主根单一，垂直，侧根少

| 科属：菊科、蒿属 | 药用部位：茎叶 | 性味：味苦、微辛，性寒 |
| --- | --- | --- |

# 蓟

又名山萝卜、大蓟、地萝卜等。

茎直立，有分枝，基部有白色丝状毛

叶倒披针形或倒卵状椭圆形，叶缘具齿，表面绿色，疏生长毛

**药用功效：** 蓟全草入药，具有清热解毒、止血凉血的功效，尿血、便血、咯血、吐血、产后血崩、白带浑浊者可对症使用。其叶清洗后煎服可活血化瘀，捣烂外敷可缓解恶疮、跌打肿痛等。现代研究表明，大蓟还可以抗肿瘤、抗病原微生物、增强心脏功能、止血降压。

**生长习性：** 生于海拔 40~2 100 米的地区，一般生于荒地、草地、山坡林中、路旁、灌丛中、田间、林缘及溪旁。

**分布区域：** 主要分布于江苏、河北、山东、陕西、江西、云南、湖南、福建、湖北、贵州、广西、广东、四川、浙江等地。

**药用小知识：** 脾胃虚寒、虚汗不止者禁用。

| 科属：菊科、蓟属 | 药用部位：全草 | 性味：味甘、苦，性凉 |
| --- | --- | --- |

# 萝藦

又名芄兰、斫合子、白环藤等。

总状聚伞花序腋生或腋外生，花冠白色，有淡紫红色斑纹

茎圆柱状，下部木质化，上部较柔韧，表面淡绿色，有纵条纹，幼时密被短柔毛，老时柔毛渐脱落

**药用功效：** 萝藦全草入药，具有补气益精、通乳、解毒的功效，患有由肾虚所致的遗精者以及女性产后乳汁不足者可对症使用。鲜品洗净捣烂外敷可缓解疮疖肿痛、虫蛇咬伤。萝藦子入药可治虚劳、阳痿、遗精等症。萝藦根可治跌打损伤、蛇咬伤、疔疮、阳痿等症。鲜茎叶、嫩苗煎服可辅助治疗小儿疳积、疔肿等症。

**生长习性：** 生于林边荒地、山脚、河边、路旁灌木丛中，对土壤的适应性强，喜日光照射。

**分布区域：** 主要分布于东北、华北、华东地区，也见于甘肃、陕西等地。

**药用小知识：** 尤宜用于劳伤、虚弱、腰腿疼痛等的治疗。

**你知道吗？**
萝藦茎皮的纤维非常坚韧，是制造人造棉的常用原料。萝藦常被用于园林工程，是装饰篱笆、栅栏、花廊等的上好绿化材料。

| 科属：夹竹桃科、鹅绒藤属 | 药用部位：全草 | 性味：味甘、辛，性平 |
| --- | --- | --- |

# 艾

又名艾蒿、艾草、冰台、遏草、香艾、蕲艾等。

**药用功效：** 艾具有温经止血、通经活络、安胎理气、止崩化瘀、祛湿散寒等功效，月经不调、行经不畅、痛经、胎动不安、子宫出血者可对症使用。艾草还可以缓解风湿性关节炎、头风病、月子病等病的症状。用其煎煮取汁内服，可治虚寒性的妇科疾病，效果奇佳。用其煮水沐浴，可防治产褥期母婴感染性疾病。醋艾炭温经止血，可以治疗虚寒性出血。现代研究表明，艾叶还可以治疗呼吸道感染。

**生长习性：** 适应性强，只要是向阳且排水顺畅的地方都能生长，以湿润肥沃的土壤为佳。

花药狭线形，先端附属物尖，长三角形

头状花序椭圆形

瘦果长卵形或长圆形

茎单生，有明显纵棱，褐色或灰黄褐色

叶厚纸质，上面被灰白色短柔毛，并有白色腺点与小凹点

**植物形态：** 艾的茎单生，褐色或灰黄褐色，基部稍木质化。叶厚纸质，上面被灰白色短柔毛，基部通常无假托叶或具极小的假托叶；上部叶与苞片叶羽状半裂。头状花序椭圆形，花冠管状或高脚杯状，花药狭线形，花柱与花冠近等长或略长于花冠。瘦果长卵形或长圆形。

**分布区域：** 分布非常广，除了极度干旱和寒冷的地区外，几乎遍布中国。

**药用小知识：** 艾有小毒，使用前一定要咨询医生。单独服用时，每日用量不能超过9克。阴虚血热者慎用。

**你知道吗？** 艾在中国传统文化里有驱毒辟邪之意，以前到了端午节，家家户户都会悬挂艾草，以保佑家人平安。

| 科属：菊科、蒿属 | 药用部位：茎叶 | 性味：味苦、辛，性温 |
| --- | --- | --- |

# 草麻黄

又名麻黄、华麻黄等。

**药用功效：** 草麻黄常称麻黄，主要药用部位是其草质茎，具有宣散风寒、止咳平喘、发汗祛寒、消肿利水等功效，风湿疼痛、胸闷气短、咳喘痰多、风寒感冒、浮肿、黄疸、小便不利者可对症使用。其制品蜜麻黄绒的作用比较缓和，适于老人、幼儿及体虚者。现代研究表明，麻黄可以解热、利尿、镇咳、兴奋中枢神经、降血糖、降血脂等。

**生长习性：** 喜光，耐干旱，耐盐碱，耐严寒，适应性较强，对土壤要求不高。

**植物形态：** 麻黄高 20~40 厘米；木质茎短或呈匍匐状，小枝直伸或微曲，表面细纵槽纹常不明显。叶子裂片锐三角形，先端急尖。雄花花通常具苞片 4 对，雌球花生于幼枝顶部，单生，在老枝上腋生，卵圆形。

雌球花成熟时呈红色浆果状

种子通常为 2 粒，包于苞片内，不露出或与苞片等长，三角状卵圆形或宽卵圆形

节间长 2.5~5.5 厘米，多为 3~4 厘米，直径约 2 毫米

**分布区域：** 主要分布于东北及华北地区，也见于陕西、内蒙古、西藏等地。

**药用小知识：** 体虚自汗、盗汗、虚喘及阴虚阳亢者禁服。肺热、多痰咳嗽者、吐血者、心功能不全者慎用。孕妇忌用。麻黄可以使血压变高，所以高血压患者慎用。哺乳期女性或需要长期使用者，使用前务必咨询医生。正在服用呋喃唑酮、帕吉林、甲苯肼、苯乙肼、苯异丙肼等药物者，需要使用麻黄的话，务必咨询医生。

**古籍名医录：**《药性论》："治身上毒风顽痹，皮肉不仁。"《日华子本草》："通九窍，调血脉，御山岚瘴气。"《珍珠囊》："泄卫中实，去营中寒，发太阳、少阴之汗。"

小枝直伸或微曲，表面细纵槽纹常不明显

木质茎短或呈匍匐生长

# 天名精

又名地菘、鹤虱、天蔓青、野烟叶等。

**药用功效：** 天名精具有清热解毒、止痛消炎、止血破瘀、化痰平喘、杀虫的功效，扁桃体发炎、咽喉肿痛、牙龈肿痛、疔疮、痔瘘、皮肤瘙痒、毒蛇咬伤、吐血、便血以及创伤性出血等症患者可对症使用。取新鲜天名精捣烂取汁服用，每天2~3次，可缓解恶疮的症状。取天名精根叶，煎浓汁饮服，可缓解口渴、气喘、面红有斑、小便不利。现代研究表明，它还可以用来治疗急性乳腺炎，并可用于皮肤消毒。

**生长习性：** 喜温暖湿润气候和阴湿环境，生于山坡、路旁或草地上。

**分布区域：** 分布非常广，几乎遍布中国。

**药用小知识：** 脾胃虚寒者慎用。

头状花序多数，沿茎枝腋生，花黄色，外围的雌花花冠丝状

下部叶片宽椭圆形或长圆形，先端尖或钝

茎直立，上部多分枝，密生短柔毛，下部近无毛

| 科属：菊科、天名精属 | 药用部位：全草 | 性味：味苦、辛，性平 |
| --- | --- | --- |

# 石斛

又名林兰、禁生、杜兰、万丈须等。

**药用功效：** 石斛具有滋阴生津、健脾利胃、清热解毒、明目利肝的功效，发汗盗汗、阴亏伤津、口干烦渴、病后虚热、食欲不振、咽干呕吐、眼目不明者可对症使用。用石斛加适量清水煎汁，代茶饮用，有生津养胃、帮助消化的功效。现代研究表明，石斛可以降血糖、保护神经系统、增强免疫力、抗炎、抗氧化、抗凝血等。

**生长习性：** 喜在温暖潮湿、半阴半阳的环境。野外多在厚且疏松的树皮或树干上生长。

**分布区域：** 主要分布于台湾、湖北、海南、广西、四川、贵州、云南、西藏等地。

**药用小知识：** 虚而无火、脾胃虚寒、大便溏薄、舌苔厚腻者禁服。湿热及温热病患者慎服。正在服用巴豆、僵蚕、雷丸等药物者，使用本品前，请务必咨询专业医生或在医生指导下使用。

总状花序从老茎中部以上部分发出

叶革质，呈长圆形，先端较钝

茎直立，呈稍扁的圆柱形，肉质肥厚

| 科属：兰科、石斛属 | 药用部位：茎 | 性味：味甘、淡，性微寒 |
| --- | --- | --- |

# 灯芯草

又名灯心草、蔺草、龙须草、野席草、马棕根、野马棕等。

**药用功效**：灯芯草具有清热降火、利尿通水、消肿镇痛的功效，小便不利、咽喉肿痛、心烦失眠、淋病、小儿夜啼、湿热黄疸、水肿患者可对症使用。单味煎服或与清心安神药同用，可改善心热烦躁、小儿夜啼。现代研究表明，

灯芯草具有抗氧化的功效。

**生长习性**：生于海拔1 650~3 400米的河边、池塘旁、水沟、稻田旁、草地及沼泽处。

**分布区域**：广泛分布于黑龙江、吉林、辽宁、河北、陕西、甘肃、山东、江苏、安徽、浙江、江西、福建、台湾、河南、湖北、湖南、广东、广西、贵州、四川、云南、西藏等地。

**药用小知识**：下焦虚寒、小便不禁、心气虚者禁服。脾胃虚弱者需要谨慎使用。灯芯草性微寒，不可长时间服用，脾胃虚寒的人如果长期使用的话，会出现胃痛胃寒、疲惫乏力的症状，因此，用药前需要询问医生，规范用药。

聚伞花序假侧生，花淡绿色，花被片线状披针形

茎细长圆柱形

| 科属：灯芯草科、灯芯草属 | 药用部位：茎 | 性味：味甘、淡，性微寒 |

# 鼠曲草

又名鼠麹草、菠菠草、佛耳草、软雀草、蒿菜等。

**药用功效**：鼠曲草具有祛风散寒、止咳化痰、镇痛平喘、清热解毒的功效，风寒感冒、痰多咳嗽、胸闷气喘、筋骨疼痛、白带异常、痈疡患者可对症使用。取25克鼠曲草和冰糖，加适量清水共同

煎服，有止咳化痰的功效，可改善咳嗽痰多的症状。取鼠曲草、凤尾草、灯芯草各25克，15克土牛膝，用水煎服，可改善白带异常。现代研究表明，鼠曲草还可以抗氧化、调节代谢、抑菌、保护肝脏等。

**生长习性**：生于田边、山坡及路边，对土壤要求不高，稻田中最常见。

**分布区域**：主要分布于华东、中南及西南地区，也见于河北、陕西、台湾等地。

**药用小知识**：孕妇和哺乳期女性慎用。有研究资料显示，过量服用鼠曲草会对视神经造成伤害，因此应谨慎使用。

**小贴士**：质量上乘的鼠曲草一般是灰白色，叶子和花的数量都比较多。

头状花序在枝顶密集排列成伞房花序，花黄色至淡黄色

叶片两面密被灰白色柔毛，皱缩卷曲，柔软不易脱落

| 科属：菊科、鼠曲草属 | 药用部位：全草 | 性味：味甘，性平 |

# 鸭跖草

又名鸡舌草、鼻斫草、碧竹子、碧竹草、青耳环花、碧蟾蜍、竹叶草等。

**药用功效：** 鸭跖草具有清热解毒、消肿利尿的功效，感冒、麦粒肿、慢性咽炎、慢性扁桃体炎、乳腺炎、丹毒患者可对症使用。取鲜鸭跖草洗净，煎汤日服，可缓解尿赤白痢。现代研究表明，鸭跖草可以抗病毒、抗炎、镇痛、保肝、降血脂。

**生长习性：** 喜温暖湿润气候，耐寒，可在阴湿的田边、溪边、村前屋后种植。

**分布区域：** 分布于云南、四川、甘肃以东的南北各地。

**药用小知识：** 脾胃虚寒者慎用。

**小贴士：** 质量上乘的鸭跖草为黄绿色。

花瓣深蓝色，花苞呈佛焰苞状，雌雄同株，花柄在花期长 3 毫米，果期弯曲，长不过 6 毫米

叶互生，带肉质，披针形至卵状披针形

茎匍匐生根，多分枝，长可达 1 米，下部无毛，上部被短毛

| 科属：鸭跖草科、鸭跖草属 | 药用部位：茎叶 | 性味：味甘、淡，性寒 |
| --- | --- | --- |

# 马齿苋

又名五行草、千瓣苋、长寿菜、马齿菜、马苋菜等。

**药用功效：** 马齿苋具有清热去火、解毒祛湿、利水消肿、凉血止血、润肠通便、通淋、止痛的功效，慢性肠炎、慢性肾炎、痢疾、子宫出血、尿血、便血、乳腺炎患者可对症使用。捣烂外敷可以缓解丹毒、毒蛇咬伤以及各种肿瘘。用马齿苋煎汁服用，每日一次，可缓解女性白带赤黄的症状。现代研究表明，马齿苋可以抗氧化、抗病原微生物、抗炎、降血脂等。

**生长习性：**

喜温暖、阳光充足而干燥的环境，适应性较强，耐旱，在丘陵和平地一般都可栽培，阴暗潮湿之处生长不良。

**分布区域：** 除高寒地区外，全国大部分地区均有分布。

**药用小知识：** 孕妇及习惯性流产者、脾胃虚弱者、大便泄泻者忌用。

花无梗，3~5 朵簇生枝端，花瓣倒卵形，午时盛开

叶互生，有时近对生，叶片扁平、肥厚，呈倒卵形，似马齿状

茎圆柱形，长 10~15 厘米，淡绿色或带暗红色

| 科属：马齿苋科、马齿苋属 | 药用部位：茎叶 | 性味：味酸，性寒 |
| --- | --- | --- |

# 铃兰

又名草玉玲、君影草、香水花、鹿铃、小芦铃等。

暗红色浆果呈圆球形，有毒，内有椭圆形种子4~6粒，扁平

辽宁、内蒙古、河北、山西、山东等地。

**药用小知识：**铃兰各个部位均有毒，特别是叶子，甚至是保存鲜花的水也有毒，慎用。

**你知道吗？**铃兰与丁香种在一起会让丁香枯萎，分开种植，丁香就会恢复。铃兰和水仙放在一起会"两败俱伤"。

花较小，钟状，下垂，檐部浅裂，裂片稍反卷

**药用功效：**铃兰具有强心、利尿、止血的功效，可改善心房纤颤、充血性心力衰竭、高血压及肾炎引起的左心衰竭。

**生长习性：**喜凉爽、湿润和半阴的环境，极耐寒，忌炎热干燥。

**分布区域：**分布于黑龙江、吉林、

叶椭圆形或卵状披针形，先端近急尖，基部楔形，叶柄长8~20厘米

植株矮小，全株无毛，高18~30厘米，常成片生长

| 科属：天门冬科、铃兰属 | 药用部位：全草 | 性味：味甘、苦，性温 |
|---|---|---|

# 瞿麦

又名野麦、石竹花、十样景花等。

红花、丹参、赤芍配伍时，对瘀阻所致的经闭或月经不调也有疗效。

**生长习性：**生于海拔400~3 700米丘陵山地疏林下、林缘、草甸、沟谷溪边。耐寒，喜潮湿，忌干旱，以沙壤土或黏壤土为佳。

**分布区域：**主要分布于东北、华北及西北地区，多见于山东、江苏、浙江、江西、河南、湖北、四川、贵州、新疆等地。

单叶对生，线形至线状披针形，全缘或有细齿，两面粉绿色

花单生或数朵集成疏聚伞花序，白色、红色或各种不同深浅的红、紫色，有香气

**药用功效：**瞿麦具有清热止痛、利尿通淋、活血通经、明目退翳的功效，小便不畅、淋漓涩痛、血淋者可对症使用。取等量瞿麦、栀子、甘草，煎煮后取汁服用，可缓解血淋涩痛。瞿麦与桃仁、

**药用小知识：**下焦虚寒、脾肾气虚者及孕妇忌服。正在服用维生素C、烟酸片、谷氨酸片等药物者，使用本品前务必咨询医生。

茎丛生，直立，上部2歧分枝，节膨大

| 科属：石竹科、石竹属 | 药用部位：茎叶 | 性味：味苦，性寒 |
|---|---|---|

# 鳢肠

又名乌田草、墨旱莲、旱莲草、墨水草、乌心草等。

**药用功效：** 鳢肠具有补益肝肾、收敛止汗、止血排脓、明目固齿的功效，是一味非常好的滋养收敛之药，可缓解由肝肾不足引起的目眩耳鸣、视物不清、腰膝酸软、发白齿松以及白带浑浊、尿血、血崩等症状。取适量鳢肠捣

成汁涂眉发，还能促进毛发生长，煎汁内服可乌发、养发。鳢肠不仅可以内服，还能外用，取新鲜的鳢肠和苦瓜捣烂外敷，可以治疗疮毒；鳢肠和白矾煎汁可治疗阴道瘙痒。现代研究表明，鳢肠具有调节免疫力、抑菌、保护肝脏、抗疲劳、抗衰老、抗氧化、抗炎等作用。

**生长习性：** 喜生于湿润之处，耐阴性强，在阴湿地上生长良好。

**分布区域：** 全国大部分地区均有分布。

**药用小知识：** 脾胃虚寒者禁用。

叶片无柄或具有极短的柄，两面密被硬毛

头状花序，腋生或顶生，花为白色

叶对生，长圆披针形或披针形

| 科属：菊科、鳢肠属 | 药用部位：茎叶 | 性味：味甘、酸，性寒 |
|---|---|---|

# 迷迭香

又名海洋之露、艾菊。

**药用功效：** 迷迭香具有祛风湿、强肝脏、促循环、助消化的功效，风湿疼痛、动脉硬化、失眠多梦、头晕心悸、消化不良患者可对症使用。现代研究表明，迷迭香具有降血糖、促进血液循环、调理肌肤、刺激毛发再生等作用。

**生长习性：** 喜温暖气候，较耐旱，以排水良好的沙壤土为佳。

**分布区域：** 原产于地中海沿岸及北非地区，魏晋时被引入中国，园圃中偶有栽培。

**药用小知识：** 尤适宜失眠多梦、心悸头痛、消化不良、胃胀气、风湿痛、四肢麻痹患者。

**你知道吗？** 迷迭香中能提取抗氧化剂和迷迭香精油，抗氧化剂可做保鲜剂，用于食品、医药工业；精油可制造香料、化妆品、空气清新剂等。

花近无梗，对生，少数聚集在短枝的顶端组成总状花序，叶片线形，革质，上面稍具光泽，近无毛

叶常常在枝上丛生，具极短的柄或无柄，叶片线形，革质，上面稍具光泽，近无毛

茎及老枝圆柱形，皮层暗灰色，密被白色星状细茸毛

| 科属：唇形科、迷迭香属 | 药用部位：全草 | 性味：味辛，性温 |
|---|---|---|

# 蕺菜

又名鱼腥草、折耳根、岑草、紫蕺、野花麦、截儿根、猪鼻拱等。

**药用功效：**蕺菜具有通淋利尿、清热解毒、消肿止痛、化痰排脓、通淋等功效，可缓解湿疹、水肿、肺热咳喘、肺痈吐脓、慢性扁桃体炎、秃疮、脱肛等症状。现代研究表明，蕺菜具有抗菌和增强免疫力的作用。

**生长习性：**喜温暖潮湿环境，忌干旱。耐寒，怕强光。以疏松、肥沃的沙壤土为佳。

**植物形态：**多年生草本植物，有腥臭味。叶互生，叶片薄纸质，有腺点，尤以背面居多。托叶膜质，顶端钝，且常有缘毛，基部扩大，略抱茎。穗状花序生于茎顶，与叶对生，萼片白色，花小。蒴果球形，顶端开裂。

**分布区域：**主要分布于陕西、甘肃，以及长江流域以南各地。

**药用小知识：**蕺菜入药，不宜煎制过久。虚寒证及阴性外疡者忌服。多食蕺菜令人气喘，发虚弱，损阳气，消精髓。临床研究显示，食用新鲜的蕺菜可能导致日光性皮炎，应慎服。

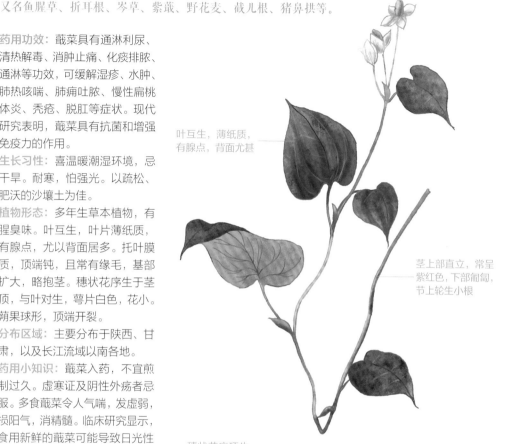

叶互生，薄纸质，有腺点，背面尤甚

茎上部直立，常呈紫红色，下部匍匐，节上轮生小根

穗状花序顶生，黄棕色，萼片白色，花瓣状

叶卵形或阔卵形，基部心形，全缘，无毛

**小贴士：**采收蕺菜，应在夏季其茎叶茂盛、花穗多时进行。挑选晴天采收，将全草连根拔起，除去茎叶、须根，洗净泥沙，晒干。放阴凉干燥处保存。品质上乘的蕺菜有花穗，叶片多，颜色呈绿色，鱼腥味也比较浓。

| 科属：三白草科、蕺菜属 | 药用部位：全草 | 性味：味辛，性微寒 |
| --- | --- | --- |

# 水蓼

又名辣蓼、蔷、虞蓼、蔷蓼、蔷虞、泽蓼、辛菜、蓼芽菜等。

**药用功效：** 水蓼具有活血化瘀、祛湿行气、散风止痒、清热解毒的功效，血滞经闭、行经不畅、痛经、崩漏、腹泻、湿热、痢疾、小儿疳积、风湿疼痛患者可对症使用。捣烂外敷可治疗跌打损伤、外伤出血、皮肤瘙痒、湿疹、毒蛇咬伤等。现代研究表明，水蓼可以抗菌、抗炎、镇痛、抗氧化、抗肿瘤等。

**生长习性：** 喜好温暖湿润、光照强度较高的环境，不耐寒，以根茎在泥中越冬。

**分布区域：** 全国各地均有分布。

**药用小知识：** 水蓼不能过量食用，否则会导致中毒，引发心绞痛。女性月经期间不宜食用水蓼，否则会导致血淋不止。孕妇禁用。水蓼与生鱼同食，会令人感到胸闷气短。

穗状花序腋生或顶生，细弱下垂，下部的花间断不连，淡绿色或淡红色

茎紫红色，无毛，节常膨大，且具须根

叶呈披针形或椭圆状披针形，两端渐尖，均有腺状小点

| 科属：蓼科、蓼属 | 药用部位：嫩叶 | 性味：味辛、苦，性平 |

# 泽漆

又名漆茎、猫儿眼睛草、五凤草、绿叶绿花草等。

**药用功效：** 泽漆具有平喘止咳、化痰通利、利尿消肿、杀虫止痒的功效，腹部积水、痰多咳喘、肺结核、小便不利、便秘患者可对症使用。

**生长习性：** 常生于沟边、路旁、田野中。

**分布区域：** 全国大部分地区均有分布，以安徽、江苏等地产量较多。

**药用小知识：** 脾胃虚寒者慎用。气血虚者、儿童与孕妇禁用。泽漆有毒，不能长时间使用或者过量使用，一定要遵从医嘱使用。研究显示，在临床治疗中，部分患者在服用泽漆片剂或者膏剂时，会出现口干且多尿的症状。

**小贴士：** 品质上乘的泽漆一般根茎粗壮，呈黄绿色。

多歧聚伞花序，有柄或近无柄，总苞钟状，边缘和内侧具柔毛

叶互生，倒卵形或匙形

茎直立，单一或自基部多分枝，分枝斜展向上，光滑无毛

| 科属：大戟科、大戟属 | 药用部位：全草 | 性味：味辛、苦，性微寒 |

# 金鱼草

又名龙头花、狮子花、龙口花、洋彩雀等。

**药用功效：** 金鱼草具有清热解毒、活血通络、消肿排脓的功效。将其碾碎后水煎内服，能缓解夏季热感冒和头疼脑热的症状；还可以捣烂外敷于患处，对治疗扭伤、跌打肿痛、疮疡肿毒也有较好的作用。

**生长习性：** 较耐寒，也耐半阴，耐湿，怕干旱。

**分布区域：** 全国各地均有栽培。

**药用小知识：** 金鱼草有毒，误食可能会引起喉舌肿痛、呼吸困难、胃疼痛，皮肤过敏者接触后会皮肤出现瘙痒症状，所以用药必须遵从医嘱。

总状花序顶生，密被腺毛

花冠颜色多种，有白、淡红、深红、肉色、深黄、浅黄、黄橙等色

叶下部的对生，上部的常互生，具短柄，叶片无毛，披针形至矩圆状披针形，全缘

茎基部无毛，中上部被腺毛，基部有时分枝

| 科属：车前科、金鱼草属 | 药用部位：全草 | 性味：味苦，性凉 |

# 常山

又名鸡尿草、鸭尿草、七叶等。

**药用功效：** 常山的嫩枝叶为中药蜀漆，具有祛痰、消炎、清热、通利、截疟的功效，症瘕积聚、胸闷咳喘、痢疾、胸中痰饮、疟疾患者可对症使用。临床实验表明，常山有抗疟的作用，可以迅速控制症状。

**生长习性：** 生于海拔 500~1 200 米的林缘、沟边和潮湿的山地。

**分布区域：** 分布于四川、贵州、湖南、湖北、广西等地。

**药用小知识：** 正气虚弱、久病体弱者慎服。

浆果蓝色，有多个种子

叶对生，通常为椭圆形、长圆形或倒卵状椭圆形，少数为披针形

| 科属：绣球花科、常山属 | 药用部位：茎叶、根 | 性味：味苦、辛，性寒 |
| --- | --- | --- |

# 香椿

又名椿、毛椿、春阳树、春甜树等。

**药用功效：** 香椿具有清热解毒、止血、止崩、止痢、祛湿、收敛、涩肠的功效，可缓解痔疮、久泄、痢疾、目赤、肺热咳嗽、便血、崩漏带下、白带异常等症状。

**生长习性：** 喜光，较耐湿，常生于河边、宅院的肥沃、湿润土地中。

**植物形态：** 香椿为落叶乔木，高可达 30 米。枝条红褐色或灰绿色，具苍白色皮孔。羽状复叶互生，具葱蒜气味；小叶纸质，卵状披针形至卵状长椭圆形，先端锐尖，基部偏斜，边缘常有稀疏的小锯齿，背面脉腋有束毛。圆锥花序，多花，花瓣白色，长圆形。蒴果狭椭圆形。

**分布区域：** 原产于我国中部和南部地区，现在全国大部分地区均有种植。

**药用小知识：** 香椿为发物，多吃容易诱导老病复发，所以慢性疾病患者应少吃或者不吃。

叶互生，为羽状复叶，叶端锐尖

幼叶紫红色，成叶绿色，叶背红棕色，轻被蜡质，叶柄红色

| 科属：楝科、香椿属 | 药用部位：茎叶 | 性味：味微苦，性平 |
| --- | --- | --- |

# 酢浆草

又名三叶酸、酸味草、酸米子草、六角方等。

**药用功效：** 酢浆草具有清热解毒、活血散瘀、凉血祛湿、消肿止痛的功效，风湿疼痛、慢性肝炎、尿路感染、感冒发热、结石、痢疾患者可对症使用。捣烂外敷可以缓解跌打损伤、痈肿疮疖等症状。酢浆草15克水冲，加红糖蒸服，可缓解水泻。酢浆草研末，每次服15克，开水送服，可治疗痢疾。用酢浆草捣汁，煎五苓散服下，可缓解小便血淋。现代研究显示，酢浆草的水煎剂对金黄色葡萄球菌、伤寒杆菌、大肠杆菌、铜绿假单胞菌等具有不同程度的抑制作用。

**生长习性：** 喜向阳、温暖湿润的环境，夏季炎热地区宜遮半阴，抗旱能力较强，不耐寒。

**分布区域：** 全国各地均有分布。

**药用小知识：** 孕妇忌用。

**古籍名医录：**《本草纲目》："酢浆草，此小草，三叶酸也，其味如醋，与灯笼草之酸浆名同物异，唐慎微《本草》以此草之方收入彼下，误矣。闽人郑樵《通志》言福人谓之孙施，则苏颂赤孙施即此也。孙施亦酸箕之讹耳。"

花单生或数朵集为伞形花序，腋生

茎细弱，多分枝，直立或匍匐，匍匐茎节上生根

叶基生或茎上互生，托叶小，长圆形或卵形

你知道吗？酢浆草在春夏秋三个季节都开花，生长速度快，因此在园林绿地中应用比较多。广义上，酢浆草包含酢浆草属的大部分植物，我国常见的红花酢浆草没有明显的茎，有长而细的叶柄，叶片由三个倒心形的小叶子组成，偶尔出现有四个小叶子组成的，俗称"幸运草"。

花瓣5，黄色或红色，长圆状倒卵形

| 科属：酢浆草科、酢浆草属 | 药用部位：全草 | 性味：味酸，性凉 |
| --- | --- | --- |

# 过路黄

又名姜花草、痰药等。

**药用功效：** 过路黄具有清热解毒、祛风散寒、消肿化瘀、利水的功效，可缓解头痛、风热咳嗽、咽喉肿痛、热毒疮疖等症状。取15~30克过路黄，水煎内服，可清热解毒，治风热咳嗽、喉咙疼痛。鲜品捣敷或煎水洗患处，可治疮疖。

**生长习性：** 喜阴湿环境，不耐寒。多生于阔叶林下、山谷溪边和路旁，以肥沃疏松、腐殖质较多的沙壤土为佳。

**分布区域：** 分布于江西、浙江、湖北、湖南、广西、贵州、四川、云南等地。

**药用小知识：** 脾虚泄泻者慎用，可能会导致大便溏稀。

**小贴士：** 夏秋季采集，用镰刀割取，留茬10厘米左右，以利萌发，晒干或烘干。

花单生于叶腋，花冠黄色

叶对生，卵圆形、近圆形或肾圆形

| 科属：报春花科、珍珠菜属 | 药用部位：全草 | 性味：味甘、咸，性微寒 |
|---|---|---|

# 千屈菜

又名千蕨菜、对叶莲、对牙草、铁菱角等。

**药用功效：** 千屈菜全草入药，具有清热解毒、凉血止泻、通经活络、活血化瘀、利湿利水的功效，可缓解腹泻、痢疾、血崩、口腔溃疡、瘀血经闭等症状。取25克千屈菜，用适量清水煎服，可

治痢疾。将千屈菜叶、向日葵盘烘干，共同研成粉末，用蜂蜜拌匀搽患处，可治口腔溃疡。

**生长习性：** 喜强光照、湿润、通风良好的环境，耐盐碱，在肥沃、疏松的土壤中生长良好。

**植物形态：** 根粗壮，横卧于地下。茎直立，多分枝，一般具4棱，呈青绿色，被粗毛或细茸毛。叶对生或三叶轮生，呈披针形或阔披针形，顶端钝或短尖。花紫色或淡紫色，花柄极端，簇生，聚为小聚伞花序，花枝外观呈大型穗状花序状。蒴果扁圆形。

**分布区域：** 全国各地均有分布。

花玫瑰红或蓝紫色

叶对生或轮生，全缘无柄

地上茎直立

| 科属：千屈菜科、千屈菜属 | 药用部位：全草 | 性味：味苦，性寒 |
|---|---|---|

# 菖蒲

又名臭蒲、水菖蒲、白菖蒲、大叶菖蒲、尧韭、水剑草等。

**药用功效：** 菖蒲具有健胃消食、祛湿化痰、消炎杀虫的功效，慢性支气管炎、慢性肠炎、痢疾、风湿疼痛患者可对症使用。其叶捣烂外敷可以辅助治疗疥疮。其根茎能开窍化痰、辟秽杀虫。兽用还可用其全草治牛臌胀病、肚胀病、百叶胃病、胀胆病。

**生长习性：** 生于海拔 2 600 米以下的水边、沼泽湿地或湖泊浮岛上。

**植物形态：** 多年生草本植物。根茎横走，稍扁，分枝，直径 5~10 毫米，外皮黄褐色，味道芳香，肉质根多数，具毛发状须根。叶基生，基部两侧膜质叶鞘宽 4~5 毫米，向上渐狭。叶片剑状线形，基部宽，中部以上渐狭，草质，呈绿色。肉穗花序斜向上或近直立，花黄绿色。

**分布区域：** 全国各地均有栽培。

**药用小知识：** 菖蒲全株都有微毒，根茎处毒性较大，不可过量服用。阴虚阳亢、多汗、滑精者慎服。

叶片剑状线形，草质，绿色

茎分枝，外皮黄褐色，味道芳香

干燥抱茎略呈扁圆柱形，稍弯曲

肉质根具毛发状须根

**文化典故：** 古时候，在江南一带，每逢端午佳节，人们会在门窗上悬挂菖蒲或者艾叶，喝菖蒲酒，以求辟邪祛灾。夏日或者秋日夜晚，点燃菖蒲和艾叶，可以驱虫，这种习俗至今可见。

**你知道吗？** 菖蒲还可用作农药，其提取物可用于防治褐飞虱等农业害虫。

| 科属：菖蒲科、菖蒲属 | 药用部位：叶、根茎 | 性味：味辛、苦，性温 |
| --- | --- | --- |

# 木芙蓉

又名芙蓉花、拒霜花、木莲、地芙蓉、华木等。

**药用功效：** 木芙蓉具有清热解毒、消肿、排脓、凉血、止血的功效，肺热咳嗽、月经过多、白带异常、痈肿疮疖、烧烫伤、毒蛇咬伤、跌打损伤者可对症使用。对于一切疮痈肿毒，初起者，外用本品能消肿止痛；已成者内服，有排脓的功效。单用鲜花50~100克，水煎，加冰糖25克冲服，可治肺痈，也可配合鱼腥草同用。

**生长习性：** 喜温暖湿润环境，不耐寒，忌干旱，耐水湿。

**分布区域：** 全国各地均有栽培。

**药用小知识：** 尤适宜热咳、月经过多、白带异常患者。虚寒者慎用。

**文化典故：** 从唐代开始，湖南的湘江一带就大面积种植木芙蓉，谭用赋诗道"秋风万里芙蓉国"，因此湖湘一带就有了"芙蓉之国"的称呼。

**你知道吗？** 木芙蓉有许多不同的品种，醉芙蓉是其中较为稀有的名贵品种，主要作为观赏花被栽植。

花朵大，单生于枝端叶腋，有红、粉红、白等色

枝干密生星状毛，叶互生，阔卵圆形或圆卵形

| 科属：锦葵科、木槿属 | 药用部位：叶、花、根 | 性味：味微辛，性平 |

# 马鞭草

又名紫顶龙芽草、野荆芥、龙芽草、风颈草、蜻蜓草、退血草、燕尾草等。

**药用功效：** 马鞭草具有活血化瘀、清热解毒、通经活络、消炎止痛、利水消肿的功效，血瘀经闭、痛经、行经不畅、咽喉肿痛、慢性扁桃体炎、牙龈肿痛、感冒发热、黄疸、痢疾、小便不利患者可对症使用。用鲜马鞭草的嫩茎叶捣汁，加入母乳适量，调匀含咽，可缓解小儿咽喉肿痛。现代研究表明，马鞭草可以镇痛、镇咳、抗炎、抗肿瘤、调节免疫力。

**生长习性：** 喜肥，喜湿润，怕涝，不耐干旱，以土层深厚、肥沃的沙壤土为佳。

**分布区域：** 分布于山西、陕西、甘肃、江苏、安徽、浙江、福建、江西、湖北、湖南、广东、广西、四川、贵州、云南、新疆、西藏等地。

**药用小知识：** 脾阴虚而胃气弱者不宜服用。孕期和备孕期女性禁用。正在服用硫酸亚铁、富马酸亚铁、螺内酯、维生素C等药物者，使用本品前请务必咨询医生。

花夏秋开放，蓝紫色，无柄，排成细长、顶生或腋生的穗状花序

单叶对生，卵形至长卵形，两面被硬毛，下面脉上的毛尤密

茎四方形，长老后下部近圆形，棱与节上被短硬毛

| 科属：马鞭草科、马鞭草属 | 药用部位：茎叶 | 性味：味苦，性微寒 |

# 多枝婆婆纳

又名肾子草、小败火草、爪哇婆婆纳等。

**药用功效：** 多枝婆婆纳具有清热解毒、去火明目、消肿利湿的功效，水煎内服可缓解头痛、目赤等症状。直接捣烂外敷于患处，可治乳痈、疮疖肿毒、跌打损伤等。

**生长习性：** 生于山坡、路边、溪边的湿草丛中。

**植物形态：** 全株被柔毛，无根状茎。茎基部多分枝，主茎直立或上升，侧枝常倾卧上升。叶片卵形至卵状三角形，顶端钝，基部浅心形或戟形，边缘具深刻的钝齿。总状花序；花冠白色、粉色或紫红色。

**分布区域：** 分布于陕西、浙江、江西、福建、台湾、广东、广西、四川、贵州、云南、西藏等地。

花小，顶生或腋生，排成短总状花序

叶对生，卵形，先端钝，基部圆形、近心形或戟形，边缘有圆锯齿

茎多条，从根处开展，上升，粗短或细长，有铺散而重复的分枝

| 科属：玄参科、婆婆纳属 | 药用部位：全草 | 性味：味苦、辛，性凉 |
|---|---|---|

# 仙人掌

又名观音掌、霸王树、龙舌、仙巴掌、霸王树等。

**药用功效：** 仙人掌具有清热解毒、止痢消肿的功效，痢疾、咳嗽、喉痛、心胃气痛、肺痈患者可对症使用。直接捣烂外敷，可用于治疗流行性腮腺炎、痔疮、乳痈、疗疮肿毒、烧烫伤、毒蛇咬伤等。

**生长习性：** 喜温暖干燥的环境，喜光，不耐寒、湿。以 pH 值为 7.0~7.5 的中性或微碱性沙壤土为佳。

**分布区域：** 原产于美洲，在我国南方沿海地区多有栽培，广东、广西及海南等地逸为野生。

**药用小知识：** 仙人掌适合咳嗽、喉痛、肺痈、乳痈、疗疮肿毒患者使用。脾胃虚弱者应少食，虚寒者忌用。需要注意的是，仙人掌含有生物碱，该物质作用于人的神经中枢，可使人产生幻觉。

**你知道吗？** 仙人掌原产于墨西哥、美国和南美洲北部地区，经常被当作围篱栽植。此外，仙人掌的浆果可以食用，味道酸甜可口。

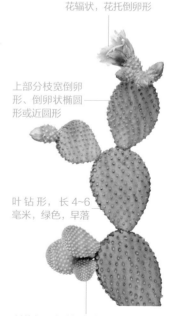

花辐状，花托倒卵形

上部分枝宽倒卵形、倒卵状椭圆形或近圆形

叶钻形，长 4~6 毫米，绿色，早落

刺黄色，有淡褐色横纹，粗钻形，向外延展而内弯，基部扁，坚硬

| 科属：仙人掌科、仙人掌属 | 药用部位：肉质茎 | 性味：味苦，性凉 |
|---|---|---|

# 甘蔗

又名薯蔗、糖蔗等。

**药用功效：** 甘蔗具有清热解毒、润燥止渴、润肠通便、健脾养胃、和中下气的功效，可缓解发热、呕吐、食欲不振、阴液不足、便秘、肠胃不适等症状。

**生长习性：** 喜温、喜光，对土壤的适应性比较强，以黏壤土、沙壤土为佳。

**植物形态：** 茎直立，圆柱形，分蘖，丛生，有节，节上有芽；节间实心，外被有蜡粉，有紫、红或黄绿色等。叶子丛生，叶片有肥厚白色中脉。花顶生，为大型圆锥花序，小穗基部有银色长毛。果实为细小颖果，长圆形或卵圆形。

**分布区域：** 分布于广东、台湾、广西、福建、四川、云南、贵州、湖南、浙江、湖北、海南等地。

**药用小知识：** 一般人群均可食用，但不宜多食，以免刺激口腔黏膜，导致口疮。甘蔗汁本身性寒，若寒咳（痰白而稀）者误食，病情有可能加重。脾胃虚寒、胃腹寒疼者不宜食用。

一年生或多年生宿根热带和亚热带草本植物

茎似竹而内充实，长六七尺，粗可过寸，根下节密，往上渐疏

**你知道吗？** 按照用途来区分，甘蔗可以分为果蔗和糖蔗。果蔗是我们平时可以买到的水果甘蔗，口感好、糖含量适中，一般可直接食用。糖蔗糖含量很高，常用来制糖，不直接食用。

**文化典故：** 古代的文人墨客对甘蔗也颇为喜欢，例如唐代诗人王维曾在自己的诗里写道："饱食不须愁内热，大官还有蔗浆寒。"

甘蔗秆直立，粗壮多汁，表面常被白粉

甘蔗根部的糖分最多

| 科属：禾本科、甘蔗属 | 药用部位：地上茎 | 性味：味甘，性寒 |
|---|---|---|

# 芦荟

又名卢会、讷会、象胆、奴会等。

**药用功效：** 芦荟具有清心安神、祛热明目、止渴生津、润肠通便的功效，可缓解热风烦闷、目赤肿痛、胸膈间热气、皮肤晒伤等症状。取适量鲜芦荟叶，捣烂外敷于患处，可治疗毒蜂蜇伤。现代研究表明，芦荟具有保护肝脏、抗菌、抗肿瘤、抗氧化、促进伤口愈合等作用。

**生长习性：** 耐旱，怕水渍，喜光照，喜欢生长在排水性能良好、不易板结的疏松土壤中。

**植物形态：** 常绿多肉质草本植物。茎较短。叶近簇生，莲座状排列或顶生，肥厚多汁，条状披针形，草绿色，顶端有数个小齿，边缘疏生刺状小齿。

**分布区域：** 原产于非洲，在我国福建、台湾、广东、广西、四川、云南等地均有栽培。

叶常绿，肥厚多汁，叶片长渐尖

叶簇生，莲座状排列或顶生

**药用小知识：** 芦荟中的生物碱能刺激肠胃，可导致泄泻。大量食用芦荟可能导致盆腔出血、腹痛等，严重时会引发肾炎，这时候要及时停药就医。患慢性腹泻、脾胃虚寒、不思饮食者忌服。痔疮出血、鼻出血患者也不要服用芦荟，否则会导致病情恶化。孕妇禁内服。

**你知道吗？** "芦"是"黑"的意思，"荟"是"聚集"的意思，芦荟叶中的汁液是黄褐色的，遇到空气会氧化成黑色，芦荟因此而得名。

肉质草本植物，茎较短

叶片顶端有数个小齿，边缘疏生刺状小齿

叶片厚约1.5厘米，草绿色

| 科属：阿福花科、芦荟属 | 药用部位：叶 | 性味：味苦，性寒 |
| --- | --- | --- |

# 落葵

又名木耳菜、藤菜、软浆叶、胭脂菜、豆腐菜等。

**药用功效：** 落葵具有清热凉血、消肿止血、润肠通便、利湿利尿的功效。落葵全草可入药，其花可缓解水痘、乳头破裂的症状；其种子和叶片可改善小便不利、便秘、便血、斑疹等症状；其全草则适合头晕目眩、体虚多病者调理身体。

**生长习性：** 喜温暖湿润和半阴环境，不耐寒，怕霜冻。

**植物形态：** 茎肉质，无毛，长可达数米，分枝明显，绿色或淡紫色。单叶互生，宽卵形、心形至长椭圆形，顶端渐尖，基部微心形或圆形，叶柄长 1~3 厘米，上有凹槽。穗状花序腋生，苞片极小，早落；花被片淡红色或淡紫色，卵状长圆形；花丝短，白色，花药淡黄色。果实球形，红色至深红色或黑色，多汁液，外包宿存小苞片及花被。

**分布区域：** 长江流域以南各地均有栽培。

**药用小知识：** 脾胃虚寒、便溏腹泻者忌服。孕妇及月经期间女子忌服。

茎分枝明显，绿色或淡紫色

单叶互生，叶片宽卵形、心形至长椭圆形

全株肉质

叶柄长 1~3 厘米，上有凹槽

果实球形，红色至深红色或黑色

**古籍名医录：**《全国中草药汇编》："清热解毒，接骨止痛。主治阑尾炎，痢疾，大便秘结，膀胱炎；外用治骨折，跌打损伤，外伤出血，烧、烫伤。"《本草经集注》："落葵，又名承露。人家多种之。叶惟可蒸鲊，性冷滑。其子紫色，女人以渍粉傅面为假色，少入药也。"

**你知道吗？** 落葵拥有紫红色茎叶，淡红色的花朵和紫黑色的果实，样貌可爱，可用于庭院、阳台、窗台、栅栏等的装饰。

| 科属：落葵科、落葵属 | 药用部位：全草 | 性味：味酸，性寒 |
| --- | --- | --- |

# 苜蓿

又名紫苜蓿、紫花苜蓿、牧蓿、怀风、光风、连枝草等。

**药用功效：** 苜蓿具有祛湿利尿、止血消肿、健胃通便的功效，可缓解烦闷燥热、肠胃不适、食欲不振以及湿热所致的小便不利、鼻血、吐血、便血、子宫出血、肛门出血等症状。

**生长习性：** 喜干燥、温暖的气候，以干燥疏松、排水良好、富含钙质的土壤为佳。

**分布区域：** 主要分布于西北、华北、东北地区及江淮流域。

**药用小知识：** 脾胃虚寒者不宜服用。

花冠淡黄、深蓝至暗紫色

花瓣均具长瓣柄，花瓣长圆形，先端微凹

株高1米左右，单株分枝多

叶为羽状三出复叶，小叶长圆形或卵圆形，叶色浓绿

茎细而密，茎秆斜上或直立，光滑，略呈方形

| 科属：豆科、苜蓿属 | 药用部位：茎叶、花 | 性味：味甘，性平 |
|---|---|---|

# 南苜蓿

又名刺苜蓿、刺荚苜蓿、黄花苜蓿、金花菜、母齐头、黄花草子等。

**药用功效：** 南苜蓿具有清热解毒、利尿除湿的功效，现代药理研究发现，从本品地上部分制得的总皂苷有显著的降低血脂、抗动脉粥样硬化的作用；从根部提取的

苜蓿多糖则有很好的增强机体免疫功能的功效；南苜蓿中含苜蓿素和苜蓿酚等物质，有止咳平喘作用，对支气管疾病有一定疗效。

**生长习性：** 喜生于土壤较肥沃的路旁、荒地，比较耐寒。

**分布区域：** 分布于安徽、江苏、浙江、江西、湖北、湖南等地。

**药用小知识：** 脾胃虚寒者不宜服用。

**你知道吗？** 南苜蓿的根瘤有固氮功能，可以帮助增加粮食产量，防止土壤中水分过度蒸发，保护生态环境。

花序头状伞形，总花柄腋生

羽状三出复叶，托叶大，卵状长圆形，小叶倒卵形或三角状倒卵形

茎平卧、上升或直立，近似四棱形，基部分枝

| 科属：豆科、苜蓿属 | 药用部位：茎叶、花 | 性味：味苦、微涩，性平 |
|---|---|---|

# 宝盖草

又名接骨草、莲台夏枯、毛叶夏枯等。

**药用功效：** 宝盖草全草入药，具有舒筋通络、清热利湿、活血祛风、消肿解毒的功效，主治筋骨疼痛、手足麻木、咽喉肿痛等。临床可用于黄疸型肝炎、淋巴结结核、高血压、面神经麻痹、半身不遂等病症的治疗。外用治跌打伤痛、骨折、黄水疮等。现代研究表明，宝盖草具有抗骨质疏松、抗炎、镇痛、抑菌、提高机体免疫力等作用。

**生长习性：** 喜欢阴湿、温暖气候，生于路边、荒地。

**植物形态：** 茎软弱，为方形，常带紫色，被倒生的稀疏毛。叶圆形或肾形，基部截形或截状阔楔形，半抱茎，边缘具极深的圆齿和小裂。花无柄，腋生，无苞片，花萼管状，花冠紫红色。

**分布区域：** 分布于江苏、浙江、四川、江西、云南、贵州、广东、广西、福建、湖南、湖北、西藏等地，以及东北地区。

**药用小知识：** 尤其适宜筋骨疼痛、手足麻木、咽喉肿痛患者服用。

花无柄，花萼管状，花冠紫红色

叶圆形或肾形，边缘有圆齿和小裂

茎软弱，方形，常带紫色，被倒生的稀疏毛

| 科属：唇形科、野芝麻属 | 药用部位：全草 | 性味：味辛、苦，性平 |
| --- | --- | --- |

# 龙牙草

又名仙鹤草、地仙草等。

**药用功效：** 龙牙草具有强心、止血、止痛、止痢的功效，过劳虚脱、女性月经不调和子宫出血、吐血、尿血、肠风、腹痛、赤白痢疾患者可对症使用。龙牙草中可提取仙鹤草素，这是止血药的重要成分。现代研究表明，龙牙草还具有抗肿瘤、抗心律失常等作用。

**生长习性：** 喜温暖湿润的气候，常生于林内、山坡、路旁。

**分布区域：** 全国各地均有分布。

**药用小知识：** 外感初起、泄泻发热者不适用。

花序穗状总状顶生，分枝或不分枝，花序轴被柔毛

花瓣黄色，长圆形

茎高 30~120 厘米，被疏柔毛及短柔毛，少数下部被稀疏长硬毛

叶为羽状复叶互生，小叶片卵圆形至倒卵形

| 科属：蔷薇科、龙牙草属 | 药用部位：茎叶、花 | 性味：味苦、涩，性平 |
| --- | --- | --- |

# 翻白草

又名委陵菜、天藕儿、湖鸡腿、鸡脚草、天藕等。

**药用功效：** 翻白草全草入药，具有清热解毒、消肿止血、止痛散瘀的功效。其根酒煎内服可缓解肺痈、咯血、吐血、崩漏、痈肿、无名肿毒等症状。其叶揉碎外敷患处，可治外伤出血。现代研究显示，翻白草还可以降血糖、改善记忆功能、抗病毒。

**生长习性：** 喜温和、湿润的气候，以疏松、肥沃的沙壤土为佳。

**分布区域：** 全国各地均有分布，多产于河北、安徽等地。

**药用小知识：** 阳虚有寒、脾胃虚寒者忌服。

**你知道吗？** 翻白草块根含有丰富的淀粉，可以制成各种面食食用；嫩茎叶用热水焯过后，也可当作蔬菜食用。

聚伞花序，分布疏散，花黄色

茎上升向外倾斜，多分枝，表面具白色卷茸毛

茎生叶掌状，草质，绿色

小叶长椭圆形或狭长椭圆形，边缘具锯齿

| 科属：蔷薇科、委陵菜属 | 药用部位：全草 | 性味：味甘、微苦，性平 |
| --- | --- | --- |

# 紫花地丁

又名铧头草、犁头草、光瓣堇菜等。

**药用功效：** 紫花地丁具有清热解毒、散结消肿、止痛凉血的功效，水煎内服可缓解黄疸、目赤疼痛等症状；还可以取其鲜品，捣碎外敷于患处，可治疗毒痈疮、红肿热痛、毒蛇咬伤、跌打损伤。取适量紫花地丁，与夏枯草、玄参、贝母、牡蛎一同煎服，能改善颈项瘰疬结核。现代研究表明，紫花地丁还具有抗菌、抗病毒、抗炎、镇痛、抗肿瘤等作用。

**生长习性：** 喜半阴的环境和湿润的土壤，耐寒、耐旱，对土壤要求不高。

**植物形态：** 多年生草本植物，无地上茎，高 4~14 厘米。根茎短，垂直，淡褐色，节密生，有数条细根。花中等大，紫堇色或淡紫色，稀呈白色，喉部色较淡并带有紫色条纹。叶多数，基生，莲座状，呈长圆形、狭卵状披针形或长圆状卵形，先端圆钝，基部截形或楔形，少数微心形，边缘具较平的圆齿，两面无毛或被细短毛。蒴果长圆形，无毛。种子卵球形，呈淡黄色。

花中等大，紫堇色或淡紫色，稀呈白色，喉部色较淡并带有紫色条纹

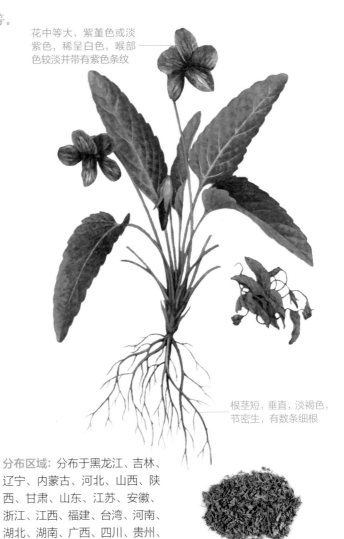

根茎短，垂直，淡褐色，节密生，有数条细根

**分布区域：** 分布于黑龙江、吉林、辽宁、内蒙古、河北、山西、陕西、甘肃、山东、江苏、安徽、浙江、江西、福建、台湾、河南、湖北、湖南、广西、四川、贵州、云南等地。

**药用小知识：** 紫花地丁性寒，阴疽之漫肿无头及脾胃虚寒者慎服。

**古籍名医录：**《本草纲目》："时珍曰：处处有之。其叶似柳而微细，夏开紫花结角。平地生者起茎；沟壑边生者起蔓。《普济方》云：乡村篱落生者，夏秋开小白花，如铃儿倒垂，叶微似木香花之叶。"

茎叶干燥后表面皱缩粗糙，呈深绿色至绿黄色，全体被毛

叶多数，基生，莲座状，呈长圆形、狭卵状披针形或长圆状卵形

| 科属：堇菜科、堇菜属 | 药用部位：茎叶、花 | 性味：味苦、辛，性寒 |
|---|---|---|

# 根茎及根类

根茎是指植物向下延长横卧的根状地下茎，具有明显的节和节间，节上有退化的鳞片叶，前端有顶芽，旁有侧芽，向下常生有不定根，如姜；有的还具有明显的茎痕，如玉竹。根，指植物在地下的部分，主要起到固持植物体，吸收、输送水和养分，以及储藏养分的作用。常用的根茎及根类药用植物有人参、甘草、三七、白前等。

# 甘草

又名蜜甘、蜜草、美草、甜草、灵通、国老等。

**药用功效:** 甘草具有益气固本、解毒消肿的功效。将其水煎内服可缓解面黄肌瘦、体虚多病、心悸气短、脾胃虚弱、咳嗽气喘、痈疮疔肿、小儿胎毒、食物中毒等症状。现代研究表明,甘草能抗炎、抗过敏,对咽喉和气管黏膜有很好的保护作用。

**生长习性:** 喜干燥气候,耐寒,常生于干燥的钙质土壤中,以排水良好、地下水位低的沙壤土为佳。

**植物形态:** 多年生草本植物。根及根茎呈圆柱形,表面有芽痕,断面中部有髓,外皮松紧不一,表面红棕色或灰棕色,质坚实,断面略显纤维性,黄白色,粉性足。茎直立,多分枝。叶互生,奇数羽状复叶,有小叶 7~17 枚,卵状椭圆形。总状花序腋生,淡紫红色,蝶形花。

**分布区域:** 分布于新疆、内蒙古、宁夏、甘肃等地。

**药用小知识:** 湿盛胀满、浮肿者,高血压患者不宜用。动物实验表明,甘草提取物会导致动物罹患高血压、低血钾症等,所以甘草不适合长时间服用。正在服用京大戟、芫花、甘遂等药物者,使用本品前务必咨询医生。

总状花序腋生,淡紫红色,蝶形花

叶互生,奇数羽状复叶,小叶卵状椭圆形

根及根茎呈圆柱形

**小贴士:** 春季、秋季采挖后除去须根,晒干,置于通风干燥处。

**古籍名医录:**《本草纲目》:"杲曰:甘草……阳不足者,补之以甘。甘温能除大热,故生用则气平,补脾胃不足而大泻心火;炙之则气温,补三焦元气而散表寒,除邪热,去咽痛,缓正气,养阴血。"《本草衍义补遗》:"甘草味甘,大缓诸火。下焦药少用,恐大缓不能直达。"

根及根茎断面为黄白色,具有放射状纹理,粉性足

表面棕色或棕褐色,具细纵皱纹、点状皮孔及叶痕

| 科属:豆科、甘草属 | 药用部位:根及根茎 | 性味:味甘,性平 |
|---|---|---|

# 蒙古黄芪

又名黄芪、黄耆、绵芪、戴糁等。

**药用功效：** 蒙古黄芪的根即常见的中药黄芪，具有益气、排脓、解毒、利尿、生肌的功效。将其水煎内服可缓解气虚无力、食欲不振、久泻脱肛、便血、崩漏、血虚、痈疽、内热等症状。现代医学研究表明，黄芪具有保肝、利尿、抗衰老、降血压、增强人体免疫力和抗菌的作用。

**生长习性：** 性喜凉爽，耐寒、耐旱，怕热、怕涝，适宜在土层深厚、富含腐殖质、透水力强的沙壤土中种植。

**分布区域：** 分布于我国华北、东北和西北地区，主产于山西、河北、辽宁、黑龙江、内蒙古等地。

**药用小知识：** 苍黑气盛、表实邪旺、食积停滞、肝郁气滞、阴虚阳亢者禁用。正在服用龟甲、白鲜皮、防风等药物者，使用本品前务必咨询医生。

**你知道吗？** 民间有句俗话叫"常喝黄芪汤，防病保健康"，黄芪汤可以滋补身体，经常饮用可以防病保健，特别适于一些天气稍有变化就易患感冒的人饮用。

奇数羽状复叶，小叶椭圆形或长圆状卵形

荚果薄膜质，稍膨胀，两面被白色或黑色细短柔毛

茎直立，上部有分枝

| 科属：豆科、黄芪属 | 药用部位：根 | 性味：味甘，性温 |
|---|---|---|

# 荠苨

又名苨苨、白面根、甜桔梗等。

**药用功效：** 荠苨具有解毒、消肿、和中、消渴的功效，肺热咳嗽、疔疮肿毒、钩吻中毒患者可对症使用。取其根捣汁内服，外用药渣敷患处，可缓解疔疮肿毒。取荠苨 60 克，桂心 0.9 克，研细，每次醋汤送服一茶匙，可灭瘢去黑痣。现代研究表明，荠苨可以保护肝脏、降血糖、降血脂、镇咳等。

**生长习性：** 喜疏松、肥沃的土壤，生于海拔 1 700 米以下的林缘、林下或草地。

**分布区域：** 分布于广西、江西、广东、河南、贵州、四川、山西、陕西、湖北、湖南、河北等地。

**药用小知识：** 阴虚久咳者禁用。胃溃疡患者慎用。

**小贴士：** 质量上乘的荠苨多为白色，肥大且质地坚实，断面有菊花样子的花纹。

花冠钟状，蓝色、蓝紫色或白色，裂片为宽三角状半圆形，顶端急尖

| 科属：桔梗科、沙参属 | 药用部位：根 | 性味：味甘，性寒 |
|---|---|---|

# 知母

又名兔子油草、大芦水、妈妈草等。

**药用功效:** 知母具有清热生津、滋阴润燥的功效,可缓解高热烦渴、咳嗽气喘、便秘、骨蒸潮热、消渴、淋浊等症状。生用更能滋阴润燥;入肾降火,用盐水炒效果更佳。现代研究表明,知母可以解热、抗炎、抗衰老、抗抑郁、保肝、保肾、抗血栓、抗动脉粥样硬化等。

**生长习性:** 耐寒,适应性很强,多生于向阳山坡地边、草原和杂草丛中。

**分布区域:** 分布于山西、河北、安徽、内蒙古、陕西、辽宁、吉林等地。

**药用小知识:** 脾胃虚寒、大便溏泄者忌用。知母无毒,但是过量服用会导致腹泻,这时需要及时停药就医。知母可以治疗外感热病,但是它性寒,如果是阳气虚引起的外感热病就要慎用,否则可能加重病情。

花圆形柱,总状花序,淡紫色

叶细长

根茎表面黄棕色或棕色

| 科属: 天门冬科、知母属 | 药用部位: 根茎 | 性味: 味苦、甘, 性寒 |

# 白术

又名桴蓟、于术、冬白术、淅术、杨桴、吴术、片术等。

**药用功效:** 白术具有燥湿利水、健脾开胃、益气、止泻、安胎、止汗的功效,可缓解风寒湿痹、脾虚胃寒、食欲不振、倦怠少气、泄泻、胎气不稳、自汗、盗汗等症状。取 50 克白术,加 25 克芍药,研末,糊丸服用,可缓解脾虚泄泻。目前,白术还被用于治疗中耳炎、肾病综合征并发急性肾功能衰竭、高脂血症。

**生长习性:** 喜凉爽气候,怕高温、高湿,耐寒,栽培时以排水良好的沙壤土为佳。

**分布区域:** 主产于浙江、贵州、江西,河北、山东等地也有栽培。

**药用小知识:** 尤适宜脾胃气虚、不思饮食、倦怠无力、慢性腹泻患者。胃胀腹胀、气滞饱闷者忌服。阴虚内热、津液耗损燥渴者慎用。对蜂蜜或者麦麸过敏者,禁用麸炒白术。正在服用阿托品、酚妥拉明等药物者,使用本品前务必咨询医生。

头状花序顶生,总苞钟状

根茎肥厚,略呈拳状

| 科属: 菊科、苍术属 | 药用部位: 根茎 | 性味: 味苦、甘, 性温 |

# 玉竹

又名地节、玉术、竹节黄、竹七根、萎蕤等。

**药用功效**：玉竹具有滋阴润肺、止咳化痰、益胃生津、消肿止痛的功效，阴虚温邪、头晕目眩、咳嗽痰多、发热烦渴、肺胃阴伤、干咳咽痛者可对症使用。取250克玉竹，煎水内服，可缓解发热口干、小便涩痛。取等量玉竹、赤芍、当归、黄连，煎汤熏洗，可缓解赤眼涩痛。现代药理研究表明，玉竹可以降血糖、降血脂、抗肿瘤、抗氧化、抗菌、护肝、抗疲劳、抗炎等。

**生长习性**：喜凉爽、潮湿、荫蔽环境，耐寒，生命力较强，可在石缝中生长，多生于山野背阴处。

**分布区域**：分布于东北、华北、华东地区，以及陕西、甘肃、青海、台湾、河南、湖北、湖南、广东、浙江、内蒙古、安徽等地。

**药用小知识**：痰湿气滞、脾虚便溏者慎服。玉竹性微寒，长期服用容易伤人阳气，脾胃虚寒者要注意，长期服用可能会加重泄泻、便溏等症状。

**文化典故**：自古以来，玉竹便为美容方中常用药品，《神农本草经》中就有玉竹"好颜色，润泽"的记载。不论在民间，还是在宫廷中，玉竹常被制成各种美容方剂，深受女性欢迎。

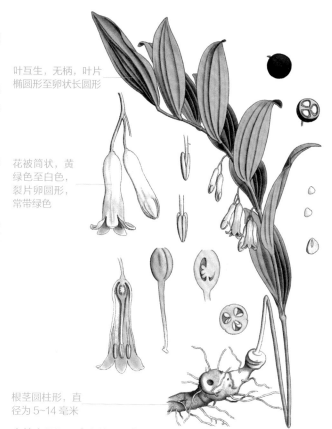

叶互生，无柄，叶片椭圆形至卵状长圆形

花被筒状，黄绿色至白色，裂片卵圆形，常带绿色

根茎圆柱形，直径为5~14毫米

茎单一，高20~60厘米

**古籍名医录**：《本草纲目》："时珍曰：萎蕤，性平，味甘，柔润可食。故朱肱《南阳活人书》治风温自汗身重，语言难出，用萎蕤汤以之为君药。予每用治虚劳寒热、疟疾及一切不足之症，用代参、耆，不寒不燥，大有殊功。不止于去风热湿毒而已，此昔人所未阐者也。"《本草便读》："考玉竹之性味、功用，与黄精相似，自能推想，以风温风热之证，最易伤阴，而养阴之药，又易碍邪，惟玉竹甘平滋润，虽补而不碍邪，故古人立方有取乎此也。"

干品黄白色或淡黄色，半透明

| 科属：天门冬科、黄精属 | 药用部位：根茎 | 性味：味甘，性平 |
| --- | --- | --- |

# 薯蓣

又名山药、怀山药、淮山药、
土薯、山薯、山芋、玉延等。

**药用功效：** 薯蓣俗名山药，具有
健脾养胃、补肾益肺、止渴生津
的功效，可缓解脾胃虚弱、久泻
不止、咳嗽气喘、肾虚遗精、虚
热消渴、带下、尿频等症状。现
代研究表明，山药可以抗肿瘤、
抗突变、抗氧化、改善肝损伤、

调节免疫力、降血脂、降血糖等。
**生长习性：** 喜光照，耐寒性差，
忌水涝，宜在排水良好、疏松肥
沃的土壤中生长。
**分布区域：** 分布于华北、西北地
区，以及长江流域各省。
**药用小知识：** 感冒者、大便燥结
者及肠胃积滞者忌用。湿盛中满、
有积滞者，不宜单独使用。实
热或邪实者，应谨慎使用。

叶卵状三角形至宽卵形
或戟形，顶端渐尖，基
部深心形或宽心形

根茎表皮淡褐色或
深褐色，有细小点
状凸起和须根

肉质肥厚，略
呈圆柱形

| 科属：薯蓣科、薯蓣属 | 药用部位：根茎 | 性味：味甘，性平 |
| --- | --- | --- |

# 黑三棱

又名湖三棱、泡三棱、红蒲
根等。

**药用功效：** 黑三棱的块茎是常用
的中药，具祛瘀消积、破血行
气、消积止痛、通经下乳等功
效，可缓解血瘀腹痛、胸痹心痛、
食积腹胀、反胃恶心、疮肿坚硬、
乳汁不下等病症。与莱菔子配

伍，对积食不化导致的腹胀、腹
痛尤其有效。现代研究表明，黑
三棱有抗凝、抗动脉粥样硬化、
抗血栓、抗肿瘤、镇痛等作用。
**生长习性：** 常生于海拔 1 500 米
以下的湖泊、沟渠、河流、沼泽、
水塘边的浅水处。
**分布区域：** 分布于东北地区及黄
河流域、长江中下游地区。
**药用小知识：** 气虚体弱、血枯经
闭、月经过多者及孕妇忌服。
**你知道吗？** 黑三棱植株可以整
株淹没在水中生存 14 天，但 14
天之后存活率会明显下降。黑三
棱也可用于观赏，种植于园林水
景处。

圆锥花序开展，较大型

叶片线形，背面具 1
纵棱，基部抱茎

| 科属：香蒲科、黑三棱属 | 药用部位：根茎 | 性味：味辛、苦，性平 |
| --- | --- | --- |

# 远志

又名葽绕、蕀蒬、棘菀、细草等。

**药用功效：** 远志具有止咳化痰、安神定心、消肿解毒的功效，咳嗽痰多、惊悸健忘、失眠多梦、神志恍惚、疮疡肿毒、乳房肿痛者可对症使用。取远志肉，加酸枣仁、石莲肉等，用水煎服，可改善失眠。将远志去心后煎汤服，能缓解小儿惊风。现代研究表明，远志具有增强记忆力、抗抑郁、抗衰老、保护神经等作用。

**生长习性：** 生于海拔 200~2 300 米的草原、山坡草地、灌木丛中以及杂木林下。

**植物形态：** 多年生草本植物。茎直立或斜上，丛生，上部多分枝。根呈圆柱形，中空，主根粗壮，韧皮部肉质，浅黄色。单叶互生，狭线形或线状披针形，先端渐尖，基部渐窄，全缘。花少，顶生，稀疏，总状花序，紫色；苞片披针形，先端渐尖。蒴果扁圆形，绿色，具狭翅，无缘毛。种子卵形，黑色，密被白色柔毛。

**分布区域：** 分布于东北、华北、西北地区，以及山东、江苏、安徽、江西等地。

**药用小知识：** 胃炎及胃溃疡患者慎用。远志含有皂苷，这种物质会刺激胃黏膜，因此生用远志会有恶心、呕吐等不良反应。

叶互生，狭线形或线状披针形

茎直立或斜上，丛生

表面灰色或灰黄色，全体有密而深陷的横皱纹

**小贴士：** 春季出苗前或秋季地上部分枯萎后取根部，除去残基，洗净泥土，沥干水分，阴干或晒干。放置在阴凉干燥处保存。

**古籍名医录：** 《神农本草经》："味苦温。主咳逆、伤中、补不足、除邪气、利九窍、益智慧……叶名小草，一名棘菀，一名棘绕，一名细草。生川谷。" 《滇南本草》："养心血、镇惊、宁心、散痰涎；疗五痫角弓反张、惊搐、口吐痰涎、手足战摇、不省人事；

缩小便、治赤白浊、膏淋、滑精不禁。"《玉楸药解》："味辛，微温，入手少阴心、足少阴肾经。开心利窍，益智安神。"

| 科属：远志科、远志属 | 药用部位：根 | 性味：味苦、辛，性温 |
|---|---|---|

# 狗脊

又名金毛狗脊、金毛狗、金狗脊、金毛狮子、猴毛头等。

**药用功效：** 狗脊具有补肝固肾、强筋骨、利关节的功效，可缓解肝肾亏虚、风湿痹痛、足膝无力、遗尿遗精、白带异常等症状。狗脊可与益智仁、茯苓、杜仲配伍使用，改善老年人肾虚、尿频等症状；还可与萆解、菟丝子配伍使用，适用于肝肾亏虚、腰痛脊强、足膝软弱无力等病症。现代研究显示，狗脊具有抗骨质疏松、抗血小板聚集、镇痛、抗炎等作用。

**生长习性：** 喜温暖、潮湿、荫蔽的环境，畏严寒。生于山脚沟边及林下阴处酸性土壤中。

**分布区域：** 主要分布于福建、四川、云南、广西等地。

**药用小知识：** 肾虚有热、小便不利或短涩黄赤者慎服。口苦舌干者禁用。正在服用败酱草、莎草等药物者，使用本品前务必咨询医生。

**小贴士：** 秋、冬季，地上部分枯萎时采挖根茎，除去茎叶及须根，洗净泥沙，晒干。切片晒干者为生狗脊。

叶片长卵形，二回羽裂

根茎暗褐色，呈不规则的长块状

| 科属：乌毛蕨科、狗脊属 | 药用部位：根茎 | 性味：味苦、甘，性温 |
| --- | --- | --- |

# 玄参

又名元参、浙玄参、黑参等。

**药用功效：** 玄参具有清热凉血、养阴生津、消肿排毒、散结通便的功效，将其水煎内服可缓解发热烦渴、津伤便秘、目赤涩痛、咽喉肿痛等症状。鲜品捣烂外敷可缓解痈疽疮毒。玄参搭配生地、丹皮、赤芍等，能清热凉血；搭配大生地、麦冬等，可滋阴增液；还可搭配牛蒡子、板蓝根等，能解毒利咽。现代研究表明，玄参有抗氧化、抗疲劳、提高免疫力等作用，还有扩张冠状动脉、防治动脉硬化、抗血小板聚集、降血糖等功效。

**生长习性：** 喜温暖湿润的气候，较耐寒、耐旱，以疏松、肥沃的沙壤土为佳。

**分布区域：** 主要分布于浙江、重庆等地。

**药用小知识：** 玄参性微寒，能滑肠，故脾胃虚寒、食少便溏者慎用。有临床报道称，过量使用玄参可能会导致皮疹等过敏反应，还会造成肝损害。正在服用藜芦、黄芪、干姜、大枣、山茱萸等药物者，使用本品前务必咨询医生。

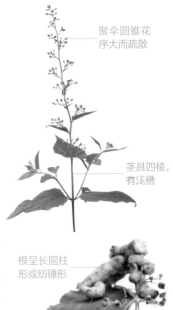

聚伞圆锥花序大而疏散

茎具四棱，有浅槽

根呈长圆柱形或纺锤形

| 科属：玄参科、玄参属 | 药用部位：根 | 性味：味甘、苦、咸，性微寒 |
| --- | --- | --- |

# 巴戟天

又名鸡肠风、鸡眼藤、黑藤钻、兔仔肠等。

**药用功效:** 巴戟天具有补肾壮阳、强筋健骨、祛风除湿的功效，肾虚阳痿、风湿痹痛、腰膝酸软、宫冷不孕者可对症使用。取12克巴戟天，加10克益智仁、12克覆盆子，用水煎服，可治小便不禁、遗尿等症。巴戟天、菟丝子、破故纸、鹿茸、山药、赤石脂、五味子各50克，研末，用酒糊丸，可改善白浊。现代研究表明，巴戟天具有增强免疫力、抗衰老、抗疲劳、提高造血功能、保护心肌、提高精子质量、抗骨质增生等作用。

**生长习性:** 生于山谷溪边、山地疏林下。

**植物形态:** 攀缘藤本植物。根肉质肥厚，圆柱形，不规则断续膨大呈念珠状，根肉略呈紫红色，干后紫色。茎有细纵条棱，幼时被褐色粗毛。叶对生，长椭圆形，先端短渐尖，基部钝或圆形，全缘。花顶生，头状花序，花萼倒圆锥状，花冠肉质白色，钟状。浆果近球形，初生时绿色，成熟后红色。

**分布区域:** 主要分布于福建、广东、海南、广西等地。

叶片长椭圆形，先端短渐尖，基部钝或圆形，全缘

茎有细纵条棱

根肉质肥厚，圆柱形

表面灰黄色，有粗而不深的纵皱纹及深陷的横纹

**药用小知识:** 阴虚火旺者忌服。长期使用可能导致小便黄赤、口干咽痛、咽喉疼痛等，应遵医嘱适量、适度服用。

**小贴士:** 质量上乘的巴戟天比较粗壮，皮厚，呈紫色，木质部偏细，味道微甜，整体干燥，无虫蛀。巴戟天全年均可采集，采挖后洗净泥土，除去须根，晒至六七成干，轻轻捶扁，晒干。放置在阴凉干燥处保存。

**古籍名医录:**《神农本草经》:"巴戟天，味辛微温。主大风邪气，阴痿不起，强筋骨，安五脏，补中，增志，益气。生山谷。"《本草纲目》: "《别录》曰: 巴戟天生巴郡及下邳山谷。二月、八月采根，阴干。恭曰: 其苗俗名三蔓草。叶似茗，经冬不枯。根如连珠，宿根青色，嫩根白紫，用之亦同，以连珠多肉厚者为胜。"

| 科属：茜草科、巴戟天属 | 药用部位：根 | 性味：味辛、甘，性微温 |
| --- | --- | --- |

# 龙胆

又名龙胆草、草龙胆、四叶胆、陵游等。

**药用功效：** 龙胆具有清热解毒、燥湿、止痛、泻火、止痒的功效，可缓解头痛发热、耳聋、目赤咽痛、热痢、痈疮肿毒、阴肿阴痒、阴囊肿痛、带下、湿疹、湿热黄疸、惊风抽搐等症状。现代药理研究表明，龙胆可以抗肿瘤、抗过敏、降血脂、保护肝脏、提高免疫力等，还可用于治疗弱精子症。

**生长习性：** 喜温凉湿润气候，以酸性土壤为佳，多生于海拔400~1 700米的山坡草地、路边、河滩、草丛、林下及草甸等处。

**植物形态：** 多年生草本植物，高30~60厘米。根茎平卧或直立，短，具多数粗壮须根，表面淡棕黄色。叶对生，无柄。花多数，簇生茎顶和上部叶腋处，花冠蓝紫色至紫红色。花萼呈倒锥状筒形或宽筒形。蒴果内藏，长圆形。种子褐色，线形或纺锤形。

**分布区域：** 分布于东北地区及内蒙古、陕西、新疆、江苏、安徽、浙江、江西等地。

**药用小知识：** 脾胃虚弱、无湿热实火者忌服。勿空腹服用。龙胆性寒，长期服用或者过量服用可能导致胃疼等症状，此时要立即停药就医。正在服用四环素、地黄、防葵等药物者，使用本品前务必咨询医生。

花枝单生，直立，黄绿色或紫红色，中空，近圆形

叶近革质，无柄，卵形、卵状披针形至线状披针形

根茎平卧或直立，长达5厘米，多粗壮、略呈肉质的须根

**小贴士：** 春秋季挑选晴天采挖全株，去除须根及粗皮，洗净泥沙，趁鲜时纵向剖开，抽去木心，晒干。放置在干燥阴凉处保存。

**古籍名医录：**《本草纲目》："《别录》曰：龙胆生齐朐山谷及冤句，二月、八月、十一月、十二月采根阴干。弘景曰：今出近道，以吴兴者为胜。根状似牛膝，其味甚苦。"

**你知道吗？** 龙胆的味道极苦，像胆一样，而"龙"有极品之意，故此得名。龙胆不但可入药，它的一些种类还具有一定的观赏价值，比如华丽龙胆、流苏龙胆、叶萼龙胆等，它们的花色彩缤纷、形状各异，深受爱花人士的喜爱。

干品有皱纹，表面暗灰棕色或深棕色

| 科属：龙胆科、龙胆属 | 药用部位：根、根茎 | 性味：味苦，性寒 |

# 党参

又名防风党参、黄参、防党参、上党参、狮头参等。

**药用功效：** 党参具有益气健脾、养血生津的功效，常与其他中药材搭配使用。将党参、白术、茯苓等配伍，可治中气不足、体虚倦怠、食少便溏。与黄芪、蛤蚧等同用，可治肺气亏虚引起的咳嗽气促、语声低弱。临床常用它代替古方中的人参，用以治疗轻微的脾肺气虚。现代临床医学表明，党参可以改善早期糖尿病、功能性消化不良等病症。

**生长习性：** 喜温和凉爽气候，多生于山地灌木丛中及林缘处。

**分布区域：** 主要分布于东北、华北地区，以及陕西、宁夏、甘肃、青海、河南、四川、云南、西藏等地。

**药用小知识：** 气滞、肝火盛者禁用。邪盛而正不虚者不宜用。不能与藜芦或藜芦制品同服。

花冠阔钟形，檐部浅裂

花单生于枝端，与叶柄互生或近于对生，有梗

根常肥大呈纺锤形或纺锤状圆柱形

| 科属：桔梗科、党参属 | 药用部位：根 | 性味：味甘，性平 |
|---|---|---|

# 秦艽

又名大叶龙胆、大叶秦艽、西秦艽等。

**药用功效：** 秦艽具有清热解毒、活血、利尿、止痛的功效，可治中风、风湿、痉挛、小便不利、肠风痔瘘、妇人胎热、小儿疳热。秦艽常与赤芍、防己、忍冬藤等清热除湿药配伍，治风湿热痹、关节肿痛。与柴胡、鳖甲、知母、地骨皮、青蒿等配伍，可改善劳伤阴虚、骨蒸潮热、颧红盗汗、消瘦乏力之症。现代研究表明，秦艽具有抗炎、抗病毒、镇咳、镇痛、降血压、保护肝脏、抗肿瘤等作用。

**生长习性：** 喜温和气候，耐寒、耐旱，多生长在土层深厚、土壤肥沃的山坡草丛中。

**分布区域：** 分布于内蒙古、宁夏、河北、陕西、新疆、山西等地。

**药用小知识：** 久病虚寒、尿多、便溏者禁服。

**小贴士：** 秋季采挖，挖出后晒至柔软，使其自然发热，至根内部变成肉红色时，晒干。置于通风干燥处保存。

聚伞花序由多数花簇生枝头或腋生作轮状，花冠蓝色或蓝紫色

基生叶较大，披针形，先端尖，全缘，平滑无毛

茎单一，圆柱形，节明显，斜升或直立，光滑无毛

直根粗壮，圆柱形，多为独根，或有少数分叉

| 科属：龙胆科、龙胆属 | 药用部位：根 | 性味：味辛、苦，性平 |
|---|---|---|

# 黄精

又名鸡头黄精、黄鸡菜、笔管菜、爪子参等。

**药用功效：**黄精具有健脾开胃、润肺补肾、滋阴益气的功效，其根茎水煎内服可缓解脾胃虚弱、食欲不振、肺虚燥渴、干咳不止、气血不足、腰膝酸软、须发早白等症状。现代研究表明，黄精具有提高免疫力、改善记忆力、抗氧化、抗疲劳、抗衰老等作用。

**生长习性：**喜阴湿气候，耐寒，不耐旱。

**植物形态：**多年生草本植物。根茎呈圆柱状，高 50~90 厘米，或可达 1 米以上，横走，肉质，黄白色，结节膨大，节间粗的一头有短分枝。花腋生，下垂，伞形；花被筒状，乳白色至淡绿色。叶轮生，条状披针形，先端拳卷或弯曲成钩。浆果近球形，初生时为绿色，成熟时为黑色。

**分布区域：**分布于河北、内蒙古、陕西等地。

**药用小知识：**中寒泄泻、痰湿痞满气滞者忌服。正在服用异烟肼等药物者，使用本品前务必咨询医生。

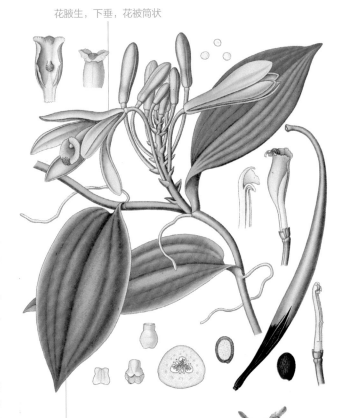

花腋生，下垂，花被筒状

叶轮生，条状披针形

茎横生，肥大，肉质，略呈扁圆形

**古籍名医录：**《本草纲目》："《别录》曰：黄精生山谷。二月采根，阴干。苏恭曰：黄精，肥地生者，即大如拳；薄地生者，犹如拇指。葳蕤肥根颇类其小者，肌理形色大都相似。今以鬼臼、黄连为比，殊无仿佛。又黄精叶似柳及龙胆、徐长卿辈而坚。其钩吻蔓生，殊非此类。"

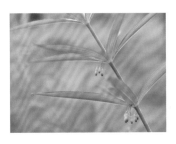

根茎圆柱状，结节膨大

| 科属：天门冬科、黄精属 | 药用部位：根茎 | 性味：味甘，性平 |
| --- | --- | --- |

# 地榆

又名黄瓜香、玉札、山枣子等。

**药用功效：** 地榆具有清热止血、消肿止痛、排毒敛疮的功效，水煎内服可缓解吐血、尿血、便血、痔血、崩漏、赤白带下等症状。取其鲜品捣汁搽涂，或取其干品研末调敷，可缓解疮痈肿痛、阴痒、湿疹、烧烫伤、蛇虫咬伤。现代研究表明，地榆有抗炎、抗氧化、抗凝、抗肿瘤、促进血细胞增殖、抗色素沉积等作用。

**生长习性：** 喜温暖湿润气候，耐寒，生于海拔100~3 000米的山坡草地、溪边、灌木丛、湿草地及疏林中。

**植物形态：** 多年生草本植物，高30~120厘米。根较肥厚粗壮，多呈纺锤形，表面棕褐色或紫褐色，有纵皱及横裂纹，横切面黄白或紫红色，较平正。茎直立，有细棱，光滑无毛或基部有稀疏腺毛。穗状花序呈椭圆形、圆柱形或卵球形，直立，花小，紫红色，背面被疏柔毛；苞片膜质，披针形；萼片紫红色。果实包藏在宿存萼筒内，外面有斗棱。

**分布区域：** 分布于华东、中南、西南地区，以及黑龙江、辽宁、河北、山西、甘肃等地。

穗状花序椭圆形、圆柱形或卵球形，紫红色，背面被疏柔毛

茎直立，有棱，无毛或基部有稀疏腺毛

果实包藏在宿存萼筒内，外面有斗棱

叶为羽状复叶，有小叶4~6对，叶柄无毛或基部有稀疏腺毛

**药用小知识：** 地榆是苦寒之物，虚寒性出血症禁服，血虚有瘀者慎服。大面积烧伤患者如果外用地榆制剂，可能引起中毒性肝炎。正在服用红霉素、灰黄霉素、氯化钙、硫酸亚铁等药物者，使用本品前务必咨询医生。

**你知道吗？** 地榆叶子形状优美，紫红色花朵玲珑可爱，在碧绿的叶子衬托之下，显得非常雅致，可用来装饰花园、庭院等。

| 科属：蔷薇科、地榆属 | 药用部位：根 | 性味：味苦、酸、涩，性微寒 |
|---|---|---|

# 丹参

又名紫丹参、红根、血参根、大红袍等。

**药用功效：** 丹参具有活血散瘀、消肿止痛、清心安神、凉血的功效，水煎内服可治血瘀、月经不调、闭经、腹痛、子宫出血。捣碎外敷于患处，可改善疮疖肿痛、跌打损伤。取汁液清洗患处，可治疗漆疮。现代研究表明，丹参有抗氧化、改善微循环、降血脂、降血压等作用。

**生长习性：** 适宜在气候温和、光照充足、空气湿润的环境下生长，对土壤酸碱度适应性较强。

**分布区域：** 主要分布于安徽、山西、河北、四川、江苏等地，湖北、甘肃、陕西、山东、河南、江西等地也有分布。

**药用小知识：** 脾胃虚弱、大便溏稀者慎用。妇女月经过多及无血瘀者禁服。孕妇慎服。丹参能导致血钾含量降低，长期服用可能引发低钾血症，对心脏、肌肉、中枢神经等影响极大，所以长期服用丹参或其制剂者，需要适当补钾。正在服用藜芦等药物者，使用本品前务必咨询医生。忌与醋等酸性食物同服。

花冠紫蓝色，二唇形

茎直立，四棱形，有槽，多分枝

小坚果黑色，椭圆形

表皮棕红色或暗棕红色，具纵皱纹

**小贴士：** 春秋季采挖，洗净，晒干，切片、段，生用或酒炒用。

**古籍名医录：**《本草纲目》："弘景曰：今近道处处有之。茎方有毛，紫花，时人呼为逐马。颂曰：今陕西、河东州郡及随州皆有之。二月生苗，高一尺许。茎方有棱，青色。叶相对，如薄荷而有毛。三月至九月开花成穗，红紫色，似苏花。根赤色，大者如指，长尺余，一苗数根。"

| 科属：唇形科、鼠尾草属 | 药用部位：根、根茎 | 性味：味苦，性微寒 |
| --- | --- | --- |

# 黄芩

又名山茶根、土金茶根等。

**药用功效：** 黄芩具有清热解毒、去火、燥湿、安胎的功效，咳嗽、咯血、目赤肿痛、胎动不安者可对症使用。它常与白芍、葛根、甘草同用，治湿热、腹痛；还可搭配生地、丹皮、侧柏叶等，治血热妄行。现代研究表明，黄芩具有抗炎、抗氧化、提高免疫力等作用。

**生长习性：** 抗旱力较强，怕涝，喜光照，以土层深厚、疏松肥沃的中性或微碱性沙壤土为佳。

**植物形态：** 多年生草本植物。主根粗壮，底部多有分枝。茎基部伏地，上升，钝四棱形，具细条纹，近无毛或被上曲至开展的微柔毛，绿色或带紫色，自基部多分枝。叶坚纸质，披针形至线状披针形，全缘，上面暗绿色。总状花序在茎及枝上顶生，聚成圆锥形花序；花萼被稀疏柔毛；花冠为紫、紫红至蓝色，花丝扁平状，花柱细长，花盘环状。小坚果呈卵球形，黑褐色。

**分布区域：** 分布于黑龙江、辽宁、内蒙古、河北、河南、甘肃、陕西、山西、山东、四川等地。

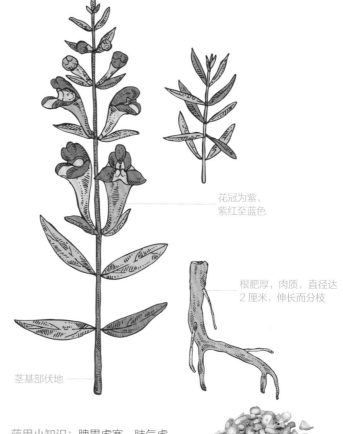

花冠为紫、紫红至蓝色

根肥厚，肉质，直径达2厘米，伸长而分枝

茎基部伏地

叶坚纸质，披针形至线状披针形

**药用小知识：** 脾胃虚寒、肺气虚弱、食少便溏者忌服。血枯经闭、血虚腹痛者禁用。正在服用葱实、丹砂、藜芦等药物者，使用本品前务必咨询医生。

**小贴士：** 春秋季采挖，将根挖出，除去茎苗、须根及泥土，晒至半干时撞去粗皮，晒至全干。置于通风干燥处保存。

**你知道吗？** 传统医学认为空心黄芩质量高，但是现代医学研究发现，实心黄芩中黄芩苷含量高于空心黄芩，所以实心黄芩质量更好一些。

表面棕黄色或深黄色，内部淡黄色或淡褐色

| 科属：唇形科、黄芩属 | 药用部位：根 | 性味：味苦，性寒 |
| --- | --- | --- |

# 桔梗

又名包袱花、铃铛花、僧帽花等。

**药用功效：**桔梗具有止咳化痰、宣肺、排脓、消肿止痛的功效，咳嗽痰多、喉咙疼痛、肺痈、腹痛、口舌生疮、目赤疼痛者可对症使用。取等量桔梗、茴香，研末敷于患处，可治疗牙疳臭烂。现代研究表明，桔梗有保护肝脏、降血糖、降血脂、镇咳等作用。

**生长习性：**喜光照，喜温和湿润凉爽气候，多生于海拔1 100米以下的丘陵地带，以半阴半阳的沙壤土为佳。

**植物形态：**根粗大肉质，圆锥形或有分叉，外皮黄褐色。茎高20~120厘米，通常无毛，偶密被短毛，不分枝，极少上部分枝。叶全部轮生、部分轮生至全部互生，无柄或有极短的柄，叶片卵形、卵状椭圆形至披针形。花大型，单生于茎顶或数朵集成疏生的总状花序，花冠钟形，蓝紫色或蓝白色。

**分布区域：**分布于东北、华北、华东、华中地区。

花单生于茎顶或数朵集成疏生的总状花序，蓝紫色或蓝白色

茎高20~120厘米，通常无毛，偶密被短毛

叶片卵形、卵状椭圆形至披针形

**药用小知识：**凡气机上逆、呕吐、呛咳、眩晕、阴虚火旺、咯血等患者不宜服用。胃与十二指肠溃疡者慎服。正在服用白及、龙胆等药物者，使用本品前务必咨询医生。

**小贴士：**选购桔梗时，以粗细均匀、坚实、洁白、味苦者为佳。

**你知道吗？**桔梗可药食两用，市面上常见的桔梗食品分为腌制和非腌制两种，腌制品的代表是桔梗泡菜，非腌制品的代表是桔梗拌菜。桔梗有苦味，做菜时需要焯水，并用盐反复搓洗。

根粗大肉质，外皮淡黄褐色

| 科属：桔梗科、桔梗属 | 药用部位：根 | 性味：味苦、辛，性平 |
| --- | --- | --- |

# 黄连

又名味连、川连、鸡爪连等。

**药用功效**：黄连具有清热解毒、燥湿、泻火的功效，心烦失眠、发热、目赤肿痛、牙龈肿痛、湿热痞满、泻痢、黄疸、湿疹、耳道流脓者可对症使用。黄连搭配黄芩、大黄等服用，可祛湿热；与木香、黄芩、葛根等配伍，可治泻痢。现代研究表明，黄连还具有抗病原微生物、抗炎等作用，可用于改善痤疮、急性咽炎。

**生长习性**：喜冷凉、湿润、荫蔽，忌高温、干旱，以表土疏松肥沃、土层深厚的土壤为佳。

**植物形态**：多年生草本植物。根茎呈灰黄色或黄棕色，常分枝，密生须根。叶基生，有长柄，为卵状三角形，稍带革质，三全裂，顶端急尖，边缘有锐锯齿。二歧或多歧聚伞花序，有3~8朵花，花瓣线形或线状披针形，萼片黄绿色。种子长椭圆形，褐色。

**分布区域**：分布于四川、贵州、湖南、湖北、陕西等地。

叶顶端急尖，边缘生有尖锐锯齿

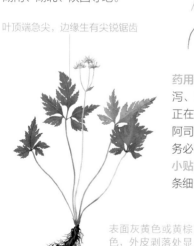

叶片稍带革质，呈卵状三角形

二歧或多歧聚伞花序，花瓣线形或线状披针形

表面灰黄色或黄棕色，外皮剥落处显红棕色，粗糙

**药用小知识**：胃虚呕恶、脾虚泄泻、五更泻、阴虚津伤者慎服。正在服用菊花、玄参、白僵蚕、阿司匹林等药物者，使用本品前务必咨询医生。

**小贴士**：选购黄连时，以干燥、条细、节多、须根少、色黄者为佳。

**你知道吗？**《本草纲目》中记载黄连"根连珠而色黄"，意思是黄连的根茎呈连珠状而颜色为黄色，它也因此而得名。

| 科属：毛茛科、黄连属 | 药用部位：根茎 | 性味：味苦，性寒 |
| --- | --- | --- |

# 细辛

又名细草、小辛、少辛、独叶草等。

**药用功效**：细辛具有祛风散寒、镇痛、化痰的功效，可缓解风寒头痛、口疮、口臭、风湿痹痛、痰多咳嗽等症状。细辛搭配羌活、川乌、草乌等，可缓解风湿痹痛；与干姜、半夏等配伍，可改善肺寒咳嗽、痰多质稀之症。现代研究表明，细辛具有镇静、抗炎、镇痛等作用。

**生长习性**：喜湿润阴凉环境，耐严寒，以土层深厚、疏松肥沃的土壤为佳。

**分布区域**：分布于陕西、四川、山东、安徽、浙江、江西、湖北、湖南等地。

**药用小知识**：细辛有毒，不能过量使用，使用时需遵从医嘱，并从正规药店和医疗机构购买。气虚多汗、血虚头痛、阴虚咳嗽等患者忌服。孕妇禁内服，外用请咨询医生。正在服用藜芦、狼毒、山茱萸等药物者，使用本品前务必咨询医生。

**小贴士**：质量上乘的细辛根多为灰黄色，味道辛辣，食之有麻舌的感觉。

叶片呈心形或卵状心形　根茎直立或横走，有多条须根

果实近球状，棕黄色

| 科属：马兜铃科、细辛属 | 药用部位：根、根茎 | 性味：味辛，性温 |
| --- | --- | --- |

# 泽泻

又名水泽、如意花、车苦菜等。

**药用功效**：泽泻具有利尿通淋、利水渗湿、泄热、止血的功效，小便不利、热淋、遗精、尿血、水肿胀满、呕吐、泄泻者可对症使用。泽泻搭配木通、茯苓，可缓解尿道涩痛；与白术配伍，治胃内停水；还可与茯苓、猪苓、车前子等配伍，治疗小便不利、水肿、带下。现代研究表明，泽泻具有降血脂、抗动脉粥样硬化、抗炎等作用。

**生长习性**：喜温暖湿润的气候，幼苗喜荫蔽，成株喜阳光，怕寒冷，在海拔 800 米以下地区都可栽培。

**分布区域**：主要分布于福建、四川、江西、贵州、云南等地。

**药用小知识**：肾虚精滑、无湿热者禁服。低血糖、低血压、水电解质紊乱者禁用。服用泽泻期间，不能食用紫菜、海带、芹菜、菠菜等食品。正在服用降血糖、降血压、保钾利尿剂等药物者，使用本品前务必咨询医生。

花轮生，呈伞状，再集成大型圆锥花序

瘦果椭圆形或近矩圆形

种子紫褐色，具凸起

| 科属：泽泻科、泽泻属 | 药用部位：根茎 | 性味：味甘、淡，性寒 |
| --- | --- | --- |

# 川芎

又名山鞠穷、香果、胡穷、雀脑芎等。

**药用功效：** 川芎具有调经活血、行气散寒、祛风止痛的功效，可改善月经不调、经闭、痛经、产后腹痛、头痛眩晕、胸胁痛、风寒湿痹、肢体麻木、痈疽疮疡、跌打损伤等症状。川芎可搭配荆芥、防风、细辛、白芷等，缓解诸风上攻头痛之症。现代研究表明，川芎可缓解妊娠期肝内胆汁淤积症、偏头痛、心绞痛、急性脑梗死等病的症状。

**生长习性：** 喜温和气候，对高温和低温都非常敏感。

**分布区域：** 分布于云南、贵州、广西、湖北、江西、浙江、陕西、甘肃、内蒙古、河北等地。

**药用小知识：** 阴虚火旺、上盛下虚及气弱之人忌服。正在服用滑石、黄连、藜芦等药物者，使用本品前务必咨询医生。

复伞形花序顶生或侧生，花瓣白色，倒卵形至心形

茎直立，圆柱形，有纵条纹，上部多分枝

根茎发达，形成不规则的结节状拳形团块

| 科属：伞形科、藁本属 | 药用部位：根茎 | 性味：味辛，性温 |
|---|---|---|

# 川续断

又名续断、川断、龙豆、属折、接骨等。

**药用功效：** 川续断具有补肝益肾、强健筋骨、调血止血、消肿止痛的功效，可缓解肝肾虚弱、损筋折骨、跌扑创伤、胎动漏红、血崩、带下、腰背酸痛、痈疽疮肿等症状。川续断泡酒可治风湿痹痛、跌仆损伤；盐续断多用于改善腰膝酸软。

**生长习性：** 喜凉爽湿润气候，耐寒，不耐高温。以土层深厚、肥沃疏松的土壤为佳。

**分布区域：** 分布于江西、湖北、湖南、广西、四川、贵州、云南、西藏等地。

**药用小知识：** 中气下陷、脾虚泄泻、下元不固、梦遗滑精、月经过多者及孕妇忌服。正在服用雷丸等药物者，使用本品前务必咨询医生。

**小贴士：** 每年8~10月，采挖川续断后，去除茎、叶，用清水洗净泥沙，用刀削去根头、尾梢及细根，放在通风处阴干或烤干。

头状花序呈球形或椭圆形，总苞片数枚，线形

叶对生，基生叶有长柄

茎直立，有棱和浅槽，密被白色柔毛，棱上有较粗糙的刺毛

| 科属：忍冬科、川续断属 | 药用部位：根 | 性味：味苦、辛，性微温 |
|---|---|---|

# 姜黄

又名郁金、宝鼎香、毫命等。

**药用功效：** 姜黄具有活血通经、行气化瘀、消肿止痛的功效，可缓解产后瘀停腰痛、月经不调、闭经、胸腹胀痛、肩臂痹痛、跌打损伤等症状。姜黄搭配元胡、香附，可缓解气滞血瘀导致的胸腹疼痛、肢体痛及痛经。取等量的姜黄、细辛、白芷，研为细末，擦牙痛患处，并用盐水漱口，每天 2~3 次，可治疗牙痛顽疾。

**生长习性：** 喜气候温暖湿润、阳光充足、雨量充沛的环境，怕严寒霜冻，怕干旱、积水。

**植物形态：** 多年生草本植物。根粗壮，末端膨大呈块状，含丰富的淀粉，表面褐色，粗糙。叶基生，长圆形或椭圆形，顶端短渐尖，基部渐狭，绿色，两面均无毛。穗状花序呈圆柱状，花白色，边缘染淡红晕；花萼筒状，绿白色；花冠管漏斗形，淡黄色。

**分布区域：** 分布于台湾、福建、广东、广西、云南、西藏等地。

**药用小知识：** 血虚无气滞血瘀者忌服。药理研究表明，姜黄中的姜黄素有强烈的降压作用，会引起血压下降，所以姜黄不适合与降压药同时服用，以免血压下降过快，损害身体健康。正在服用阿司匹林、硫酸氢氯吡格雷、噻氯吡啶、双嘧达莫等药物者，使用本品前务必咨询医生。

穗状花序呈圆柱形

叶片长圆形或椭圆形，绿色，两面均无毛

根粗壮，末端膨大呈块状

根茎呈不规则卵圆形、圆柱形或纺锤形，常弯曲

姜黄粉也是一种调味料

**小贴士：** 质量上乘的姜黄切面为金黄色，有蜡样光泽。冬季采集，茎叶枯萎后，挖出根茎，去除杂质，将根茎洗净，放入开水中焯熟后烘干，去粗皮。放置在阴凉干燥处保存。

**你知道吗？** 姜黄里所含的姜黄素能用来制造化学分析试剂。

| 科属：姜科、姜黄属 | 药用部位：根茎 | 性味：味辛、苦，性温 |
| --- | --- | --- |

# 败酱

又名苦菜、泽败、鹿肠等。

**药用功效：** 败酱具有清热解毒、止痛化瘀、排脓、下痢的功效，肠痈、产后腹痛、气滞血瘀、目赤肿痛、赤白带下、痈肿、疥癣者可对症使用。取100克鲜败酱，加25克冰糖，开水炖服，可改善赤白痢疾。取250克败酱，煎汤炖服，同时用鲜败酱捣烂外敷，可缓解毒蛇咬伤。现代研究表明，败酱具有镇静、抗病原微生物、增强免疫力、保肝利胆、抗肿瘤的功效。

**生长习性：** 常生于海拔400~2 100米的山坡林下、林缘和灌木丛中以及路边、田埂边的草丛中。

**分布区域：** 除宁夏、青海、新疆、西藏、广东和海南外，全国各地均有分布。

**药用小知识：** 胃虚脾弱、泄泻不食、虚寒下脱者忌服。正在服用抗生素等药物者，使用本品前务必咨询医生。

花序为聚伞花序组成的大型伞房花序

根茎横卧或斜生

基生叶丛生，卵形、椭圆形或椭圆状披针形，多羽状深裂或全裂

| 科属：忍冬科、败酱属 | 药用部位：根、全草 | 性味：味苦，性微寒 |

# 山丹

又名山丹百合、山丹花、山丹丹花、山丹子、细叶百合、野百合等。

**药用功效：** 山丹具有清心滋养、滋阴润肺、安神定气、止咳平喘的功效，可缓解阴虚体弱、失眠多梦、心悸烦闷、神志恍惚、咳嗽不止、痰中带血等症状。它的鳞茎富含淀粉、蛋白质、无机盐和各种维生素，食之对人体有益。

**生长习性：** 耐寒，喜阳光，喜微酸性土，忌硬重黏土。

**分布区域：** 分布于黑龙江、吉林、辽宁、河北、河南、山东、山西、内蒙古、陕西、宁夏、甘肃、青海等地。

**药用小知识：** 风寒咳嗽者、脾虚者、大便溏稀者禁用。

**你知道吗？** 山丹百合的花一般为朱红色或者橘色，孟诜在《食疗本草》记载，"百合，红花者名山丹"。

花瓣多反卷，朱红色或橘红色，无斑点，有香味

地上茎有小乳头状凸起，有的带紫色条纹

| 科属：百合科、百合属 | 药用部位：鳞茎、花 | 性味：味甘，性寒 |

# 虎掌

又名虎掌南星、掌叶半夏等。

**药用功效:** 虎掌具有燥湿化痰、祛风止痉、散结消肿的功效,水煎内服可缓解咳嗽痰多、中风偏瘫、手足麻木、惊风癫痫等症状。捣烂外敷于患处,可治疗痈肿、瘰疬、毒蛇咬伤、跌打损伤等。取等量的虎掌、半夏,研末,每次取5克左右,用姜汁、竹沥调和,烘炙印堂,可缓解角弓反张。

**生长习性:** 生于海拔1000米以下的林下、山谷或河谷阴湿处。

**植物形态:** 块茎近圆球形,直径可达4厘米,根密集,肉质。叶片呈鸟足状分裂,披针形,渐尖,基部渐狭,楔形;叶柄淡绿色。肉穗花序,花序柄长而直立;佛焰苞淡绿色。

**分布区域:** 分布于河北、山西、陕西、山东、江苏、上海、安徽、浙江、福建、河南、湖北等地。

**药用小知识:** 阴虚燥痰者及孕妇禁用。

叶片呈鸟足状分裂,披针形,渐尖,基部渐狭,楔形

块茎近圆球形,直径可达4厘米,根密集,肉质

| 科属: 天南星科、半夏属 | 药用部位: 根茎 | 性味: 味苦、辛,性温 |
|---|---|---|

# 卷丹

又名卷丹百合、虎皮百合、倒垂莲、黄百合、宜兴百合等。

**药用功效:** 卷丹具有安神定气、清心润肺、化痰止咳、滋阴养神的功效,失眠、心悸、痰血、咳嗽、阴虚、烦闷、神志恍惚者可对症使用。取10~30克卷丹水煎内服,可缓解肺虚久咳、咯血,还可以加蜜炙生食,能润肺清心。

**生长习性:** 耐寒,喜向阳和干燥环境,宜冷凉而怕高温酷热和多湿气候。

**分布区域:** 主要分布于江苏、浙江、湖南、安徽等地。

**药用小知识:** 脾胃虚寒者不宜服用。风寒所致咳嗽患者不宜服用。

**你知道吗?** 卷丹花瓣会向外翻卷,因此名为卷丹。它们可以作为观赏花被栽植在园林、花坛、庭院中。

叶互生,狭披针形,无柄,密集生于茎的中上部

花橙红色或砖黄色,具黑色斑点,花瓣强烈反卷

茎上着生黑紫色斑点,使茎呈暗褐色

| 科属: 百合科、百合属 | 药用部位: 鳞茎 | 性味: 味甘、微苦,性寒 |
|---|---|---|

# 人参

又名黄参、棒槌、血参、人衔、鬼盖、神草等。

**药用功效：** 人参具有补气健体、安神益智、补脾开胃、益肺生津的功效，可改善劳伤倦怠、反胃、食少、头痛、眩晕、咳嗽气喘、惊悸健忘、虚热消渴、尿频、阳痿、崩漏及各种气血津液不足之症。现代研究表明，人参具有降血糖、调节血脂、改善心脏功能、抗肿瘤、抗抑郁、抗疲劳、增强免疫力等作用。

**生长习性：** 喜斜射及漫射光，忌强光和高温。以排水良好、疏松肥沃、腐殖质层深厚的棕色森林土或山地灰化棕色森林土为佳。

**分布区域：** 主要分布于辽宁东部、吉林东部和黑龙江东部，河北、山西等地有引种。

**药用小知识：** 实证、热证而正气不虚者忌服。人参煎汁内服时，需要单独煎煮，煮好后再将人参煎剂和其他药物的煎剂混合服用。目前没有文献表明人参有毒性，但是大量服用人参可能导致出血，这时需要立即停药就医。长期服用也会有不良反应，比如腹泻、皮疹、失眠、抑郁等。正在服用苯乙肼、地高辛、硫酸亚铁、富马酸亚铁、维生素 C、烟酸片等药物者，使用本品前务必咨询医生。

果实扁球形或肾形，成熟时鲜红色，长 4~5 毫米，宽 6~7 毫米

叶为掌状复叶，中央小叶片椭圆形至长圆状椭圆形

主根肥大，纺锤形或圆柱形

**小贴士：** 质量上乘的人参切面呈淡淡的黄白色，点状树脂道偏多。

**你知道吗？** 人参含有较多的黏液质、挥发油、糖类等，容易发霉、受潮、变色，因此需要密封或冷冻保存。

**古籍名医录：**《本草纲目》："《别录》曰：人参生上党山谷及辽东，二月、四月、八月上旬采根，竹刀刮，曝干，无令见风。根如人形者，有神。恭曰：人参见用多是高丽、百济者，潞州太行紫团山所出者，谓之紫团参。"

末端多分枝，有许多细长的须状根

人参断面平坦，呈白色，有放射状裂隙

| 科属：五加科、人参属 | 药用部位：根茎、根 | 性味：味甘、微苦，性温 |
| --- | --- | --- |

# 当归

又名干归、马尾当归、秦归、马尾归等。

**药用功效：** 当归具有活血调经、补血止痛、滑肠润燥的功效，可改善月经不调、经闭、痛经、崩漏、虚寒腹痛、肠燥不适、大便不通、赤痢后重、痈疽等病症。当归可搭配肉苁蓉、火麻仁等，治便秘；还可与地黄、川芎、丹参等配伍，改善血虚或血瘀导致的月经不调、经闭、痛经。

**生长习性：** 喜阴，忌阳光直射，怕涝，怕高温。

**分布区域：** 分布于甘肃、云南、四川、青海、陕西、湖南、湖北、贵州等地。

**药用小知识：** 湿阻中满、脘腹胀闷、大便溏泄者、热盛出血者慎服。大量服用当归可引起面红、口干舌燥等，这时需立即停药，及时就医。

**文化典故：** 古时候，"当归"之名有"思夫"之意，唐诗诗句"胡麻好种无人种，正是归时又不归"与其意相同。

复伞形花序，小花密集

根圆柱状，呈黄棕色，分枝，有多数肉质须根

茎直立，绿白色或带紫色，有纵深沟纹，光滑无毛

| 科属：伞形科、当归属 | 药用部位：根 | 性味：味甘、辛，性温 |
| --- | --- | --- |

# 魔芋

又名蒟蒻、雷公枪、莐蒻、妖芋、鬼芋等。

**药用功效：** 魔芋具有活血散瘀、消肿止痛、润肠通便、平衡酸碱的功效，可治跌打损伤、血滞瘀肿、腹痛、便秘、牙痛、喉咙肿痛。

**生长习性：** 多生于林缘、疏林下以及溪谷两旁湿润地带。

**分布区域：** 分布于四川、湖北、云南、贵州、陕西、广东、广西、台湾等地。

**药用小知识：** 伤寒感冒、消化不良、有皮肤病的人应少食。生魔芋有毒，必须煎煮 3 小时以上才可食用。食用魔芋中毒后会出现喉咙灼热、疼痛、肿大等症状，民间常用醋加一点姜汁，内服解毒。

**你知道吗？** 中国食用魔芋的历史悠久，后来魔芋传播到日本，深受日本人欢迎，日本的厚生省还明确规定中小学生的配餐里面应有魔芋制品。

一株只长一叶，羽状复叶，叶柄粗长似茎

地下块茎为扁球形，个大

| 科属：天南星科、魔芋属 | 药用部位：根茎 | 性味：味辛，性寒 |
| --- | --- | --- |

# 甘露子

又名宝塔菜、地蚕、草石蚕、土人参等。

**药用功效：** 甘露子具有止咳润肺、活血化瘀、祛风利湿、补中益气的功效，水煎内服可缓解风热感冒、咳嗽、肺痨、肺结核等症状。捣烂外敷，可治虫蛇咬伤、疮毒肿痛。另外，它对头晕、体虚、小儿疳积、神经衰弱等病症也有一定的调理作用。

**生长习性：** 生于温湿地或近水处，不耐高温、干旱，遇霜易枯死。

**分布区域：** 主要分布于华北和西北地区。

**药用小知识：** 脾胃虚弱、腹泻腹痛者不可服用。

**你知道吗？** 甘露子块茎肥大、肉质，质地脆嫩无纤维，可以腌制成酱菜或泡菜食用。其外形似宝塔，因此又被称为"宝塔菜"。

花唇形，花冠粉红或紫红色，轮伞花序

叶卵圆形或长椭圆状卵圆形，先端微锐尖或渐尖，基部平截至浅心形

茎直立或基部倾斜，单一，或多分枝，四棱形

有念珠状或螺蛳形的肥大块茎

| 科属：唇形科、水苏属 | 药用部位：根茎 | 性味：味甘，性平 |
|---|---|---|

# 白鲜

又名羊鲜草、八股牛、山牡丹、千金拔等。

**药用功效：** 白鲜以根皮入药，具有清热解毒、祛风燥湿、止痛的功效，风热、疥癣、疮毒、风湿痹痛、湿疹、皮肤瘙痒、黄疸者可对症使用。分别取9克白鲜皮、乌梢蛇、防风、当归，再加入白蒺藜、生地各12克和6克甘草，水煎服，可治疗慢性湿疹、荨麻疹。现代研究表明，白鲜皮具有抗菌、抗炎、止血、保护血管内皮等作用。

**生长习性：** 喜温暖湿润气候，耐寒，怕旱，怕涝，怕强光照。生于丘陵土坡、平地灌木丛中或草地、疏林下，石灰岩山地亦常见。

**分布区域：** 分布于黑龙江、内蒙古、河北、新疆、宁夏、甘肃、陕西、安徽、浙江、江西、福建、四川等地。

**药用小知识：** 白鲜皮苦寒，容易损伤脾胃的阳气，故脾胃虚寒者忌用。

**你知道吗？** 春末夏初，白鲜可以用作背景搭配花，白鲜花花形优美，经常被用于庭院观赏或者环境绿化。

总状花序，花瓣白带淡紫红色或粉红带深紫红色脉纹

叶椭圆形至长圆形，叶缘有细锯齿，叶脉不甚明显，中脉被毛

茎直立，幼嫩部分密被长毛及水泡状凸起的油点

成品呈灰白色至灰黄色

| 科属：芸香科、白鲜属 | 药用部位：根皮 | 性味：味苦，性寒 |
|---|---|---|

# 北柴胡

又名地熏、茈胡、山菜、茹草、柴草等。

**药用功效：** 北柴胡的根即常用药物柴胡，具有去火退热、益气调经、疏肝解郁的功效，感冒发热、月经不调、肝郁气滞、黄疸、疟疾、胸胁胀痛、目赤、头痛者可对症使用。柴胡常与青蒿、地骨皮、白芍、石膏、知母等搭配，有解表退热的作用；还可与葛根、羌活等同用以治疗感冒。现代研究表明，柴胡有镇痛、抗炎、解热、镇静、抗惊厥、降血脂、保肝、调节免疫力等作用。

**生长习性：** 生于向阳的山坡路边、岸旁或草丛中。

**植物形态：** 多年生草本植物。主根较粗大，坚硬。茎单一或数茎丛生，上部多回分枝，微呈"之"字形曲折，基部木质化。叶互生，基生叶和下部的茎生叶有长柄，为宽或窄的披针形；茎生叶长圆状披针形，先端渐尖或急尖，有短芒尖头，基部收缩成叶鞘，抱茎。伞形花序形成开展疏散的圆锥花序，花瓣淡黄色。

**分布区域：** 分布于东北、华北、西北、华东和华中等地区。

花瓣淡黄色

叶为窄披针形，基生叶和下部的茎生叶有长柄

茎基部木质化，上部多次分枝

复伞形花序多分枝，顶生或侧生

**药用小知识：** 大叶柴胡的干燥根茎是有毒的，不可当柴胡用。若是为了解热，柴胡用量需要大一些；若是为了升阳，柴胡用量最好少一些；若是为了疏肝解郁，可用醋炒柴胡；若是为了缓解阴虚骨蒸的症状，可用鳖血炒制柴胡。真阴亏损、肝阳上亢、阴虚火旺者禁服。正在服用皂荚、女菀、藜芦等药物者，使用本品前务必咨询医生。

多呈黑褐色或浅棕色，具纵皱纹、支根痕及皮孔

| 科属：伞形科、柴胡属 | 药用部位：根 | 性味：味辛、苦，性微寒 |
| --- | --- | --- |

# 防风

又名铜芸、回草、百枝等。

**药用功效：** 防风具有祛风散寒、胜湿止痛、解痉止痒的功效，可缓解风寒头痛、风湿痹痛、关节疼痛、腰膝酸软、腹痛泄泻、风疹瘙痒等症状。防风搭配白芍、白术、陈皮等，可治腹痛泄泻；还可与天南星、天麻、白附子等配伍，治疗破伤风。

**生长习性：** 喜凉爽气候，耐寒，耐干旱，多生于阳光充足的草原、丘陵和多砾石山坡上。

**分布区域：** 分布于东北和华北地区，以及陕西、甘肃、宁夏、山东等地。

**药用小知识：** 血虚痉急、二便秘涩、气升作呕、阴虚盗汗、火旺者禁用。正在服用藜芦、白及等药物者，使用本品前务必咨询医生。

复伞形花序多数，顶生或侧生

茎圆柱形，下部无毛，上部分枝多有短毛，髓部充实

根粗壮，直径1~1.5厘米，灰褐色，存留多数越年枯鞘纤维

体轻质硬脆，断面为淡黄白色，多纤维

| 科属：伞形科、防风属 | 药用部位：根 | 性味：味辛、甘，性微温 |
| --- | --- | --- |

# 前胡

又名白花前胡、鸡脚前胡、官前胡、山独活等。

**药用功效：** 前胡具有祛风散热、止咳化痰的功效，可缓解风热头痛、肺热咳嗽、气喘、痰多、消化不良、眼睛肿痛等症状。前胡搭配杏仁、贝母、桑白皮，可改善咳喘痰稠；还可与桔梗、陈皮、半夏配伍，缓解胸闷、呕吐、食少之症。现代研究表明，前胡有抗心律失常、抗心力衰竭、降血压、抗炎、镇痛、解热、抗肿瘤等作用。

**生长习性：** 生于海拔250~2 000米的山坡林缘、路旁和半阴性的山坡草丛中。

**分布区域：** 分布于甘肃、河南、贵州、广西、四川、湖北、湖南、江西、安徽、江苏、浙江、福建等地。

**药用小知识：** 孕妇禁用。内无实热者慎服。阴虚咳嗽、寒饮咳嗽者禁服。正在服用环丙沙星、皂荚、藜芦等药物者，使用本品前务必咨询医生。

复伞形花序多数，花瓣倒卵形，白色

叶片卵形或长圆形，顶生叶简化，有宽叶鞘

| 科属：伞形科、前胡属 | 药用部位：根 | 性味：味辛、苦，性微寒 |
| --- | --- | --- |

81

# 虎杖

又名花斑竹、川筋龙、斑杖根、酸桶笋、酸汤梗等。

**药用功效：** 虎杖具有祛风利湿、活血通经、消肿散瘀的功效，风湿筋骨疼痛、黄疸、经闭、带下、产后恶露不尽、痔漏、下血者可对症使用，外用时可治恶疮、疥癣、烫伤、跌打损伤。取 50 克虎杖，用水煎服，可治胆囊结石。将其研末，酒送服，可改善产后瘀血之痛。现代研究表明，虎杖有止痛、抗肝损伤、抗动脉硬化、抗心肌损伤、抗休克、减轻肺缺血、抗氧化、抗肿瘤、抗病原微生物、扩张血管等作用。

**生长习性：** 生于山坡灌木丛、山谷、路旁、田边湿地。

**植物形态：** 根茎粗壮。茎直立，高可达 2 米，空心，茎具明显的纵棱，无毛。叶宽卵形或卵状椭圆形，近革质，全缘，疏生小凸起，两面无毛，顶端渐尖，基部宽楔形、截形或近圆形，托叶鞘膜质。圆锥花序，花单性，雌雄异株，腋生；苞片漏斗状，花被淡绿色。瘦果卵形，有光泽，为黑褐色。

茎具明显的纵棱，无毛

**分布区域：** 分布于华东、华中、华南地区，以及四川、云南、贵州、陕西、甘肃等地。

**药用小知识：** 孕妇慎用，虎杖有活血通瘀的作用，孕妇使用可能会对胎儿和自身造成伤害，如需使用一定要先咨询医生。正在服用红霉素、制霉菌素、利福平等药物者，使用本品前务必咨询医生。

**小贴士：** 质量上乘的虎杖横断面是棕黄色的。

质坚硬，不易折断，断面纤维状，有菊花状放射形纹理

叶宽卵形或卵状椭圆形，近革质，边缘全缘，疏生小凸起，两面无毛

茎圆柱形，顶部有残存的茎基

| 科属：蓼科、虎杖属 | 药用部位：根茎、根 | 性味：味微苦，性微寒 |

# 独活

又名独摇草、独滑、长生草、川独活、肉独活等。

**药用功效：** 独活具有祛风散寒、胜湿止痛的功效，风湿痹痛、腰膝酸软、头痛、牙痛者可对症使用。独活搭配细辛、川芎等，可治疗风扰肾经；与当归、白术、牛膝等同用，可治疗感冒风寒；还可与桑寄生、杜仲、人参等配伍，可缓解腰膝酸软、关节屈伸不利。现代研究表明，独活具有益智、抗炎、抗肿瘤、抗衰老、杀虫的作用，还被用来治疗腰椎间盘突出症、强直性脊柱炎、膝关节骨性关节炎。

**生长习性：** 喜温和气候，要求土壤肥沃、深厚，以沙壤土为佳，在海拔1 200米以上的山区易活。

**分布区域：** 主产于四川、湖北、安徽等地。

**药用小知识：** 阴虚血燥者慎服。

**小贴士：** 选购独活时，以条粗壮、油润、香气浓者为佳。

复伞形花序顶生或侧生，花瓣白色

叶膜质，被稀疏的刺毛，边缘有不整齐的锯齿

根圆锥形，分枝，淡黄色

| 科属：伞形科、独活属 | 药用部位：根 | 性味：味辛、苦，性微温 |
| --- | --- | --- |

# 延胡索

又名延胡、玄胡索、元胡索、元胡等。

**药用功效：** 延胡索具有调经活血、理气止痛、消肿散瘀的功效，可改善月经不调、崩中、产后血晕、恶露不尽、跌打损伤、心腹诸痛等病症。延胡索搭配当归、莪术、五灵脂、高良姜，可改善气血不顺等症。取延胡索研末，炒熟，每次取10克，米汤调饮，可改善血痢疼痛。现代研究表明，延胡索具有镇静、镇痛、抗炎、扩张冠状动脉血管、抗心肌缺血、抗肿瘤、抗疲劳等作用。

**生长习性：** 喜温暖湿润气候，耐寒，不耐干旱和强光，多生于山地、稀疏林以及树林边缘的草丛中。

**分布区域：** 分布于安徽、浙江、江苏、湖北、河南等地。

**药用小知识：** 血热气虚及孕妇忌服。正在服用硝苯地平等药物者，使用本品务必咨询医生。

切面呈黄色，角质样，具蜡样光泽

根茎呈扁球形，上部略凹陷，下部生须根

成品切片为不规则的圆形厚片，外表皮黄色或黄褐色，有不规则细皱纹

| 科属：罂粟科、紫堇属 | 药用部位：根茎 | 性味：味辛、苦，性温 |
| --- | --- | --- |

# 升麻

又名龙眼根、窟窿牙根等。

**药用功效：** 升麻具有清热解毒、发表透疹、消肿、止痢的功效，可缓解头痛寒热、痱子热痒、咽喉肿痛、口舌生疮等症状，痈疮肿毒、斑疹不透、久泻久痢、崩漏、白带异常、子宫下坠、脱肛、中气下陷患者也可对症使用。现代研究表明，升麻还有抗菌、镇痛、抗炎、抗氧化、抗病毒、保护肝脏等作用。

**生长习性：** 喜温暖湿润气候，耐寒，以富含腐殖质的微酸性或中性土壤为佳，在碱性或重黏土中栽培生长不良。

**植物形态：** 根茎为不规则块状，多分枝，呈结节状，有洞状茎痕，表面黑褐色，须根多而细。茎直立，有疏柔毛。叶互生，基生叶和下部茎生叶为二至三回羽状复叶，小叶片长卵形或披针形，边缘有粗锯齿，叶面绿色，叶背灰绿色，两面均有短柔毛。花小，黄白色，生于枝顶。

**分布区域：** 主产于辽宁、吉林、黑龙江、河北、山西、陕西、四川、青海等地。

叶互生，小叶片长卵形或披针形，边缘有粗锯齿

花小，黄白色，生于枝顶

花呈圆锥花序

**药用小知识：** 如果用于升阳，适合服用酒炒过的升麻；如果用于清热解毒，适合服用牛升麻。大剂量服用升麻后会出现头疼、四肢强直性收缩、阴茎异常勃起等症状。阴虚阳浮、喘满气逆、麻疹已透者禁服。

**古籍名医录：**《日华子本草》："安魂定魄，游风肿毒，口气疳匿。"《滇南本草》："表小儿痘疹，解疮毒，咽喉肿，喘咳音哑。肺热，止齿痛。"

不规则的块状，表面黑褐色或棕褐色，多分枝，呈结节状

| 科属：毛茛目、类叶升麻属 | 药用部位：根茎 | 性味：味辛、微甘、性微寒 |
| --- | --- | --- |

# 浙贝母

又名勤母、苦菜、空草、药实等。

**药用功效：** 浙贝母具有清热散结、止咳化痰、滋阴清肺的功效，水煎内服可缓解口鼻干燥、肺热、咳嗽不止、痰多、咽喉肿痛等症状。可与沙参、麦冬、天冬、桑叶、菊花等搭配，对调理和改善肺痿、肺痈、肺虚劳咳、痰中带血、胸闷郁结有一定的作用。

**生长习性：** 喜冷凉湿润环境，以排水良好、土层深厚、疏松、富含腐殖质的沙壤土为佳。

**植物形态：** 鳞茎圆锥形，茎直立。叶2~3对，常对生，少数在中部间有散生或轮生，披针形至线形，先端稍卷曲或不卷曲，无柄。花单生于茎顶，钟状，下垂，每朵花具狭长形叶状苞片3枚，先端多少弯曲成钩状。

**分布区域：** 分布于四川、浙江、河北、甘肃、山西、云南、陕西、安徽等地。

**药用小知识：** 脾胃虚寒及有寒痰、湿痰者慎服。正在服用乌头、黑附子、制川乌等药物者，使用本品前务必咨询医生。

花1~6朵，生于茎顶，钟状

叶披针形至线形，无柄

**品种鉴别：** 按照品种来分，贝母大致可以分为三大类：川贝母、浙贝母、土贝母。

**古籍名医录：**《本草纲目》："《别录》曰：生晋地。十月采根，曝干。苏恭曰：其叶似大蒜。四月蒜熟时采之，良。若十月，苗枯，根亦不佳也。出润州、荆州、襄州者最佳，江南诸州亦有。"

顶部闭合，内有心芽和小鳞叶

质硬而脆，白色或淡黄色，富粉性

| 科属：百合科、贝母属 | 药用部位：地下鳞茎 | 性味：味甘、苦，性微寒 |
| --- | --- | --- |

# 独蒜兰

又名金灯花、山慈菇、山茨菇、慈姑等。

**药用功效**：独蒜兰的药用部位主要指其假鳞茎，其作为中药又称山慈菇。山慈菇具有清热解毒、活血散瘀、舒气解郁、消痈散结的功效，疗疮、瘰疬、喉痹、虫蛇咬伤者可对症使用。山慈菇与昆布、贝母等配伍，可治肝郁气滞；还可搭配山豆根、蚤休、射干等，能清热解毒、消肿利咽，可缓解喉痹咽痛。

**生长习性**：多生于海拔630~3 000米的林下或沟谷旁有泥土的石壁上。

**分布区域**：分布于陕西、甘肃、安徽、湖南、湖北、四川、贵州、云南、西藏、福建、广东、广西等地。

**药用小知识**：孕妇禁用。正虚体弱者慎服。

**小贴士**：夏秋季采挖，除去茎叶、须根、洗净，蒸后，晾至半干，再晒干。

花为粉红色至淡紫色，花瓣倒披针形，稍斜歪

顶端具1枚叶，纸质，狭椭圆状披针形或近倒披针形，先端通常渐尖

唇瓣上有深色斑块

假鳞茎呈卵形至卵状圆锥形

| 科属：兰科、独蒜兰属 | 药用部位：假鳞茎 | 性味：味甘、微辛，性凉 |
|---|---|---|

# 白前

又名芫花叶白前、水竹消、溪瓢粪、消结草等。

**药用功效**：白前具有降气、止咳润肺、化痰平喘的功效，咳嗽痰多、肺实喘满、小儿疳积、咯血、胃脘疼痛者可对症使用。取白前、重阳木根各25克，水煎服，可缓解胃脘痛、虚热痛。将25克白前、15克香附、5克青皮，水煎服，可缓解跌打肿痛。现代研究表明，白前还具有抗炎、镇痛、止泻、抗凝等作用。

**生长习性**：喜温暖湿润气候，忌干燥，以土层深厚、富含腐殖质的土壤为佳。

**分布区域**：分布于湖北、安徽、浙江、江西、福建、湖北、湖南、广东、广西、四川、贵州、云南等地。

**药用小知识**：咳喘属气虚不归元者忌服。胃溃疡者慎用。

花冠黄色，辐状

叶无毛，长圆形或长圆状披针形，顶端钝或急尖，基部楔形或圆形

根茎呈管状，表面浅黄色至黄棕色，有细纵皱纹

| 科属：夹竹桃科、白前属 | 药用部位：根、根茎 | 性味：味辛、甘，性微温 |
|---|---|---|

# 何首乌

又名地精、赤敛、陈知白、红内消等。

叶卵形或长卵形，顶端渐尖，基部心形或近心形，两面粗糙，全缘

**药用功效：** 何首乌炮制后具有补肝益肾、强筋健骨的功效，水煎内服可缓解血虚眩晕、体倦乏力、须发早白、肢体麻木、关节疼痛、腰膝酸软、遗精、崩漏带下、久痢等症状，还可以缓解高脂血症、慢性肝炎的症状。现代研究显示，何首乌具有降血脂、抗衰老、抗氧化、促进黑色素生成、抗炎、抗肿瘤、促成骨细胞增殖等作用。

**生长习性：** 喜阳，耐半阴，喜湿，怕涝，以排水良好的土壤为佳。

**分布区域：** 主要分布于华东、华中和华南地区，也见于四川、云南、贵州、陕西、甘肃等地。

**药用小知识：** 有肝病史以及大便溏泄或有湿痰者慎服。何首乌有一定的肝毒性，中毒后可能出现抽搐、呼吸麻痹、阵发性强直性痉挛等，严重时危及生命，这时一定要及时停药就医。正在使用四环素、青霉素等药物者，使用本品前务必咨询医生。治疗须发早白的是炙何首乌，生何首乌无此功效。

**药用小知识：** 煎煮何首乌的时候，不能用铁质容器。

块根肥厚，长椭圆形，黑褐色

| 科属：蓼科、何首乌属 | 药用部位：根 | 性味：味苦、甘、涩，性微温 |
|---|---|---|

# 香附子

又名梭梭草、雀头香、草附子等。

**药用功效：** 香附子具有行气解郁、凉血止血、化痰止咳、润肠通便、健胃消食的功效，可缓解胸闷不适、便秘、瘙痒以及女性胎动不安、崩漏带下、月经不调等症状。

**生长习性：** 喜温暖湿润气候，耐寒。生于山坡荒地草丛中或水边潮湿处。

**植物形态：** 全草细长、直立、挺拔。茎部长杆状，横切面三角形，基部块状。叶窄线形，呈放射状伸展，生于直立叶柄顶端。花生于叶簇末端，夏秋季开花。果实褐色。

**分布区域：** 分布于陕西、甘肃、山西、河南、河北、山东、江苏、浙江、江西、安徽、云南、贵州、四川、福建、广东、广西、台湾等地。

**小贴士：** 选购香附子时，以个大、质坚实、色棕褐、香气浓者为佳。

叶片窄线形

茎呈长杆状

匍匐根状茎细长

| 科属：莎草科、莎草属 | 药用部位：根茎 | 性味：味微苦、微甘、辛，性平 |
|---|---|---|

# 芍药

又名将离、离草、婪尾春、余容、犁食、没骨花等。

**药用功效：**芍药具有调经活血、散瘀止痛、平抑肝阳、养血敛阴的功效，可缓解月经不调、痰多、腹痛、关节痛、胸闷、肋痛等症状，还可以辅助治疗肝阴不足、肝阳上亢所致的头晕目眩、耳鸣、烦躁、肝郁脾虚、大便泄泻、血虚、阴虚血热、盗汗以及表虚自汗等病症。

**生长习性：**喜温耐寒，随着气候节律的变化出现阶段性发育变化。

**植物形态：**块根由下方生出，肉质，粗壮，呈纺锤形或长圆柱形。二回三出复叶，互生，顶生小叶倒卵形或阔卵形，先端锐尖，基部楔形；侧生小叶椭圆状倒卵形或卵形。花一般独开在茎的顶端或近顶端叶腋处，原种花白色，花瓣 5~13 枚，呈倒卵形，花盘为浅杯状。果实呈纺锤形或长柱形，外表浅黄褐色或灰紫色，内部白色，富有营养。种子呈圆形、长圆形或尖圆形。

**分布区域：**全国各地均有栽培。

**药用小知识：**一般人群皆可食用，尤适宜头痛、眩晕、耳鸣、肝郁脾虚、大便泄泻、痛必腹泻患者。

叶端长而尖，全缘微波，叶缘密生白色骨质细齿

二回三出复叶，互生

**文化典故：**芍药被称为"花仙""花相"，是"十大名花"之一，又被叫作"五月花神"。芍药自古以来就被认为是代表爱情的花，现在是七夕节的代表花卉。江苏扬州市的市花是芍药。

**小贴士：**芍药可作观赏花，常与牡丹花一起种植。

花一般独开在茎的顶端或近顶端叶腋处

顶生小叶倒卵形或阔卵形，先端锐尖，基部楔形

呈纺锤形或长柱形，外表浅黄褐色或灰紫色，内部白色，富有营养

| 科属：芍药科、芍药属 | 药用部位：根 | 性味：味苦、酸，性微寒 |
| --- | --- | --- |

# 牡丹

又名鼠姑、鹿韭、白茸、木芍药、百两金等。

**药用功效：** 牡丹具有清热解毒、凉血活血、消肿散瘀的功效，可治吐血、衄血、痛经、闭经、温毒发斑、热入营血、无汗骨蒸、痈肿疮毒、跌打伤痛等。

**生长习性：** 喜凉恶热，宜燥惧湿，以疏松肥沃、排水良好的中性沙壤土为佳。

**植物形态：** 多年生落叶灌木。根粗大。茎直立，高可达 2 米，分枝短而粗。叶通常为二回三出复叶，偶尔近枝顶的叶为 3 小叶；顶生小叶宽卵形，表面绿色，无毛，背面淡绿色，有时具白粉；侧生小叶狭卵形或长圆状卵形，叶柄和叶轴均无毛。花单生枝顶，长椭圆形；萼片绿色，宽卵形；花瓣 5 瓣或为重瓣，玫瑰色、红紫色、粉红色至白色，通常变化很大，倒卵形，顶端呈不规则的波状；花药长圆形，花盘革质，杯状，紫红色。

**分布区域：** 全国大部分地区均有种植。

茎高可达2米，分枝短而粗

小叶宽卵形，表面绿色，无毛，背面淡绿色，有时具白粉

**药用小知识：** 血虚有寒、孕妇及月经过多者慎服。

**文化典故：** 清末时，牡丹被认为是中国的国花，有"花中之王"的美称。山东菏泽、河南洛阳的市花都是牡丹。

外表皮淡褐色，切面粉白色，粉性，质脆，气味清香

**小贴士：** 牡丹的栽培历史距今约有 1 500 年了，中间出现了很多变种。古代宫廷、家院、民间种植牡丹十分普遍。北宋时，洛阳牡丹种植规模空前，还出现了很多新品种。

花单生枝顶，玫瑰色、红紫色、粉红色至白色

| 科属：芍药科、芍药属 | 药用部位：根皮 | 性味：味苦、辛，性微寒 |
| --- | --- | --- |

# 菘蓝

又名板蓝根、菘蓝、大青叶等。

**药用功效：**菘蓝的根即常见中药板蓝根，具有清热去火、退热凉血、消肿利咽的功效，可缓解高热头痛、咽喉肿痛、丹毒、喉痹、痈疮肿毒等症状。水痘、麻疹、流行性感冒、肝炎、肺炎、疮疹、骨髓炎、流行性腮腺炎、流行性乙型脑炎患者也可对症使用。现

代研究表明，板蓝根具有抗病毒、抗菌、抗内毒素、提高免疫力、抗氧化等功效。

**生长习性：**喜光照，怕积水，喜肥，耐严寒，对自然环境和土壤要求不高。

**分布区域：**全国各地均有栽培。

**药用小知识：**体虚而无实火热毒者、脾胃虚寒者忌服。板蓝根性寒，过量或者长时间服用可能会损伤脾胃，引起食欲减退、腹泻腹痛等。板蓝根对风热感冒有治疗作用，但不能治疗风寒、气虚、阴虚等类型的感冒。正在服用抗生素类、激素类、滋补类等药物者，使用本品前务必咨询医生。

花黄色，小，为倒卵形

叶互生，呈长圆状椭圆形至长圆状倒披针形

茎直立

表面浅灰黄色，粗糙，有纵皱纹及横斑痕，并有支根痕，断面不平坦，略显纤维状

| 科属：十字花科、菘蓝属 | 药用部位：根、叶 | 性味：味苦，性寒 |
|---|---|---|

# 块茎山萮菜

又名山葵、哇沙蜜、泽山葵、溪山葵等。

**药用功效：**块茎山萮菜具有止痛、调经、开胃的功效，痛经、月经不调、食欲不振、风湿疼痛、气喘、蛀牙患者可对症使用。同时，它还能软化和保护血管，降低人体血脂和胆固醇，清理体内毒素，

增加免疫细胞活性，提高人体免疫力。

**生长习性：**喜阴湿环境。

**分布区域：**在我国台湾省阿里山地区广泛种植。

**药用小知识：**一般人群皆可食用，尤适宜风湿性疾病、咳嗽气喘、蛀牙患者。过量食用可能导致肠胃炎、肾炎、中枢神经麻痹等。

花瓣白色，为长圆形

基生叶具柄，叶片近圆形，基部深心形

茎细长节状，有叶柄脱落痕迹，具有特殊香气及辣味

| 科属：十字花科、山萮菜属 | 药用部位：根、茎 | 性味：味辛，性温 |
|---|---|---|

# 地黄

又名芐、地髓、小鸡喝酒等。

**药用功效：** 地黄具有滋阴补肾、清热凉血、强心利尿、消炎止血的功效，肾阴亏损、头晕目眩、耳鸣气虚、腰膝酸软、盗汗遗精、骨蒸潮热者可对症使用。取等量的生地黄、生荷叶、生艾叶、生柏叶，混合研末，制成鸡蛋大小的丸子，水煎服，每次一丸，可缓解吐血的症状。现代研究表明，地黄有降血糖、降血脂、抗肿瘤、抗炎、抗骨质疏松、抗脑缺血、保护血管内皮等作用。

**生长习性：** 喜温暖气候，较耐寒，以阳光充足、土层深厚、疏松肥沃的中性或微碱性沙壤土为佳。

**分布区域：** 分布于辽宁、河北、河南、山东、山西、陕西、甘肃、内蒙古、江苏、湖北等地。

**药用小知识：** 脾胃虚弱、气滞痰多、便溏者忌服。生地黄苦寒，容易损伤脾胃功能，用药前需要咨询医生，特别是脾虚湿盛的人。正在服用葱白、薤白等药物者，使用本品前务必咨询医生。

花序弯曲而后上升，在茎顶部略排列成总状花序

叶片卵形至长椭圆形，上面绿色，下面略带紫色或呈紫红色

根茎肉质，鲜时黄色

生地黄多呈不规则的团块状或长圆形

熟地黄多为形状不规则、大小薄厚不一的片或碎块，表皮呈有光泽的乌黑色，黏性较大

**品种鉴别：** 作为药材的地黄分为鲜地黄、生地黄和熟地黄三种，鲜地黄指地黄新鲜块根，有清热生津、凉血止血等功效。生地黄又称生地，是地黄块根的干燥品，多呈不规则的团块状或长圆形，也有呈较细长条状、弯曲微扁的，生地有清热凉血、养阴生津等功效。熟地黄又称熟地，是生地经蒸制炮制后的药品，多为形状不规则、大小薄厚不一的片或碎块，表皮呈有光泽的乌黑色，黏性较大，具有滋阴补血、益精填髓的功效。

**你知道吗？** 在我国民间，地黄是一种传统食材，人们会把地黄腌制成咸菜，还用它泡酒、泡茶来饮用。此外，还有地方会将地黄切丝煮粥吃。

| 科属：列当科、地黄属 | 药用部位：根、叶、花 | 性味：生地黄：味甘、苦，性寒；熟地黄：味甘，性微温 |
| --- | --- | --- |

# 牛蒡

又名牛菜、大力子、恶实、牛蒡子、蝙蝠剌等。

**药用功效：** 牛蒡具有清热解毒的功效，水煎内服可缓解风热感冒、咳嗽、烦闷、失眠、咽喉肿痛等症状；捣烂外敷于患处，可治疗痈肿疮毒、皮肤风痒。其果实可用来治小儿发热、便秘。现代研究表明，牛蒡具有抗菌、镇咳等作用。

**生长习性：** 喜温暖气候条件，既耐热又较耐寒，以土层深厚、排水良好、疏松肥沃的沙壤土为佳。

**分布区域：** 分布于台湾、吉林、辽宁、黑龙江、山西、浙江、重庆、四川等地。

**药用小知识：** 长期服用或者过量服用牛蒡可能会造成头晕呕吐、胸闷气短、血压下降等，出现这种情况请立刻停药就医。牛蒡性寒，有滑肠通便的作用，所以气虚便溏者不宜服用，否则会导致便溏加重。

头状花序，排成伞房状，花紫红色，全为管状

茎生叶广卵形或心形，边缘微波状或有细齿，基部心形，下面密被白短柔毛

基生叶丛生，大形，有长柄

茎直立，带紫色，上部多分枝

| 科属：菊科、牛蒡属 | 药用部位：根、茎叶、果实 | 性味：味苦、辛，性寒 |
|---|---|---|

# 菊芋

又名五星草、洋姜、番羌、菊姜、鬼子姜等。

**药用功效：** 菊芋具有清热凉血、消肿止血、益胃和中、利水的功效，水煎内服可缓解热病、肠热出血等症状。将其根茎捣烂外敷，可治腮腺炎、无名肿毒、骨折肿痛、跌打损伤。此外，研究发现，菊芋还可缓解低血糖。

**生长习性：** 喜疏松肥沃的土壤，以地势平坦、排灌良好、土层深厚的沙壤土为佳。

**分布区域：** 全国各地均有栽培。

**药用小知识：** 一般人群皆可食用，尤适宜热病、肠热出血、跌打损伤、骨折肿痛患者。

**你知道吗？** 菊芋是药食两用植物，可以煮食、炒菜、熬粥、腌咸菜等。它还是一种观赏植物，花朵酷似向日葵，还有好闻的香味，可以种植在庭院中、花园里供人们欣赏。

头状花序数个，生于枝端，舌状花中性，黄色，管状花两性

茎直立，上部分枝，被短糙毛或刚毛

基部叶对生，上部叶互生，叶片卵圆形至卵状椭圆形

有块状的地下茎和纤维状根

| 科属：菊科、向日葵属 | 药用部位：根、茎、叶 | 性味：味甘、微苦，性凉 |
|---|---|---|

# 姜

又名生姜、白姜、川姜等。

**药用功效：** 姜具有发散风寒、化痰止咳、温中止呕、解毒的功效，配以食材制成药膳食用，可改善脾胃虚寒、食欲减退、恶心呕吐或痰饮呕吐、胃气不和的呕吐。直接煎剂内服可预防并治疗风寒或寒痰咳嗽、感冒风寒发热、鼻塞头痛。夏季用其切片放入水中浸泡洗澡还可防治痱子。现代药理研究表明，姜具有保护肝脏、保护胃黏膜、抑菌、抗炎、降血脂等作用。

**生长习性：** 喜阴湿温暖的环境，适宜生长在低温的沙土里，不耐涝，抗旱力也不强，如遇长期干旱则茎叶枯萎，姜块不能膨大。

**植物形态：** 多年生草本植物，高40~100厘米。根呈不规则块状，略扁，具指状分枝，表面黄褐色或灰棕色，有环节，分枝顶端有茎痕或芽，气香，味辛辣。叶互生，无柄，线状披针形至披针形，基部略狭，先端渐尖，全缘，无毛，正面绿色，背面浅绿色。穗状花序卵形至椭圆形，花萼管状，苞片卵形。

穗状花序卵形至椭圆形

叶片线状披针形至披针形

**分布区域：** 主要分布于中部、东南部至西南部地区，主产地有山东、河北、湖南、四川、贵州、广西等。

**药用小知识：** 一般人群不宜久服，容易积热，损阴伤目。午后和晚餐都不宜过量食用。正在服用黄连、氨茶碱、硫酸铜等药物者，使用本品前务必咨询医生。

**古籍名医录：**《金匮要略》："半夏、生姜汁均善止呕，合用益佳，并有开胃和中之功。用于胃气不和，呕哕不安。"《本草纲目》："颂曰：今处处有之，以汉、温、池州者为良。苗高二三尺。叶似箭竹叶而长，两两相对。苗青，根黄，无花实。秋时采根。"

根呈不规则块状，表面黄褐色或灰棕色，有环节，分枝顶端有茎痕或芽

| 科属：姜科、姜属 | 药用部位：根茎 | 性味：味辛，性微温 |
|---|---|---|

# 三七

又名田七、人参三七、参三七、滇七等。

**药用功效：** 三七有止血、散瘀、通脉、消肿、止痛的功效，可缓解咯血、吐血、衄血、便血、崩漏等症状，外伤出血、胸腹刺痛、跌打肿痛患者也可对症使用。现代研究表明，三七还有增强免疫力、抗肿瘤、降血脂、保肝、延缓衰老等作用。

**生长习性：** 喜温暖阴湿环境，怕寒暑，忌多水，以疏松肥沃、排水良好、富含腐殖质的微酸性土壤为佳。

**分布区域：** 主要分布于云南东南部，广西西南部也有栽培。

**药用小知识：** 孕妇慎用。温热性出血、阴虚火旺、口干者慎用。实热体质者，大便干结、小便短赤者服用三七时，要搭配清热凉血的药物同服。

核果浆果状，近肾形，幼时绿色，熟时红色

掌状复叶轮生于茎端，表面无毛

茎直立，近圆柱形，光滑无毛，绿色或带多数紫色细纵条纹

呈不规则类圆柱形或纺锤形，外表灰黄色或棕黑色，顶端有根茎残基

| 科属：五加科、人参属 | 药用部位：根、根茎、花 | 性味：味甘、微苦，性温 |
| --- | --- | --- |

# 荸荠

又名马蹄、凫茈、乌芋等。

**药用功效：** 荸荠具有清热安神、化痰益气、消食开胃、润肺止咳的功效，球茎入药可缓解热病烦渴、湿热黄疸、小便不利、肺热咳嗽、痔疮出血等症状，地上全草入药则可缓解呃逆、小便不利等症状。

**生长习性：** 喜温湿，怕冻，以耕层松软、底土坚实的土壤为佳。

**分布区域：** 主要分布于广西、江苏、安徽、浙江、广东、湖南、湖北、江西等地的低洼地区，河北部分地区也有分布。

**药用小知识：** 小儿消化功能弱者，脾胃虚寒、大便溏泄和有血瘀者不宜食用。

**你知道吗？** 荸荠可以生食、熟食或做菜，还经常被制作成罐头，称为"清水马蹄"。清水马蹄可单独食用，也可做菜。

**小贴士：** 荸荠表皮有细菌、寄生虫等，最好清洗后去皮食用。

肉白色，可食

地下匍匐茎膨大呈球形

| 科属：莎草科、荸荠属 | 药用部位：地下球茎、地上全草 | 性味：味甘，性凉 |
| --- | --- | --- |

# 沙参

又名杏叶沙参。

**药用功效：** 沙参具有润肺、止咳、祛痰、益气、暖胃的功效，肺热咳嗽、病后气虚、痰多黄稠、气管炎、百日咳患者可对症使用。取9克沙参、9克百部、10克麦冬，水煎服，每天1次，可缓解痉挛性咳嗽。取9克沙参、6克麦冬、3克甘草，用开水冲泡饮用，能止咳。

**生长习性：** 喜温暖凉爽和光照充足的气候条件，耐阴，耐寒。

**分布区域：** 分布于河北、山西、吉林、黑龙江、辽宁、山东等地。

**药用小知识：** 一般人群皆可服用，胃寒脾虚、实热痰多、身热口臭者不宜服用。

根圆柱形或圆锥形，呈黄白色或淡棕黄色，较粗糙，有不规则扭曲的皱纹，上部有细密横纹

花序常为宽金字塔状，蓝色、蓝紫色，极少近白色

茎直立，无毛或具疏柔毛

叶片菱状卵形至菱状圆形，叶边缘有锐锯齿

| 科属：桔梗科、沙参属 | 药用部位：根 | 性味：味甘、微苦，性微寒 |
|---|---|---|

# 鸦葱

又名羊角菜、罗罗葱、谷罗葱、兔儿奶等。

**药用功效：** 鸦葱具有清热、消肿、解毒、活血的功效。取15~25克鲜品水煎内服，可治五劳七伤、乳腺炎的症状；捣烂外敷，能改善痈疽、虫蛇咬伤以及女性乳房肿胀。

**生长习性：** 喜温暖湿润环境，在干旱条件下也有极强的生命力。

**分布区域：** 分布于北京、黑龙江、吉林、辽宁、内蒙古、河北、山西、陕西、宁夏、甘肃、山东、安徽、河南等地。

**药用小知识：** 脾胃虚寒者及孕妇慎用。

**小贴士：** 夏秋季采收，去茎叶洗净，鲜用或晒干。

根垂直直伸，黑褐色

基生叶多数，椭圆状披针形或长圆状披针形

头状花序单生于茎顶，舌状花黄色，干时淡紫红色

| 科属：菊科、鸦葱属 | 药用部位：根 | 性味：味苦、涩，性寒 |
|---|---|---|

# 葛

又名甘葛、野葛等。

**药用功效：**葛以根入药，具有解肌退热、生津止渴、透疹、升阳止泻的功效，水煎内服可缓解风火牙痛、口腔溃疡、咽喉肿痛、高热头痛、肠风下血、热痢泄泻、前列腺炎、痔疮等症状；捣烂外敷，可治疱疹、皮肤瘙痒。现代研究表明，葛根具有降血压、抗心律失常、抗氧化、提高免疫力等作用。

**生长习性：**对环境的要求不高，适应性较强，以土层深厚、富含腐殖质的沙壤土为佳。

**植物形态：**多年生落叶藤本植物，长达10米，全株被黄褐色粗毛。块根肥厚，圆柱形。叶互生，具长柄，三出复叶，顶端小叶的柄较长，侧生小叶较小，偏椭圆形或偏菱状椭圆形。总状花序腋生，花紫红色，蝶形花冠；苞片狭线形。种子扁卵圆形，赤褐色，有光泽。

**分布区域：**分布于辽宁、河北、河南、山东、安徽、江苏、浙江、福建、台湾、广东、广西等地。

叶互生，具长柄，三出复叶

小枝密被棕褐色毛

有地下块根，圆柱形

总状花序腋生，花紫红色，花冠蝶形

**药用小知识：**表虚多汗和虚阳上亢者禁用。过量服用，会导致小便过多。正在服用异丙肾上腺素等药物者，使用本品前务必咨询医生。

**小贴士：**秋冬季采挖后洗净，除去外皮，切片，晒干或烘干，生用或煨用。

**你知道吗？**葛全身都是宝，在古代中国应用尤其广泛，人们穿着葛衣、葛巾，用着葛纸、葛绳，拿葛根酿酒，以葛花解酒，用葛粉制作食品。

切面黄白色，纹理不明显，质韧

| 科属：豆科、葛属 | 药用部位：根 | 性味：味甘、辛，性凉 |
| --- | --- | --- |

# 麦冬

又名麦门冬、沿阶草、书带草等。

**药用功效：** 麦冬具有清肺止咳、养阴生津、清心安神、益气止血、润肠通便的功效，肺燥、肺痿、虚劳咳嗽、热病津伤、内热消渴、心烦失眠、咯血、吐血、阴虚肠燥、大便燥结者可对症使用。现代研究表明，麦冬具有调养心肺及脾胃、抗炎、降血糖、提高身体免疫力、镇静、抗衰老等作用。

**生长习性：** 喜温暖湿润气候，稍耐寒，以疏松肥沃、排水良好的沙壤土为佳。

**植物形态：** 多年生常绿草本植物。根粗壮，须根中间或末端常膨大呈纺锤形，两端略尖，淡褐黄色。茎很短。花葶比叶短；总状花序顶生，花单生或成对着生于苞片腋内；苞片披针形，先端渐尖；花被片披针形，白色或淡紫色；花药三角状披针形。浆果近球形，成熟时深绿色至黑色。种子近球形。

**分布区域：** 分布于江西、安徽、浙江、福建、四川、贵州、云南、广西等地。

果为浆果，近球形，成熟后为深绿色至黑色

根粗壮，须根中间或末端常膨大呈纺锤形

浆果近球形，蓝色

质柔韧，断面黄白色，半透明

**药用小知识：** 凡脾胃虚寒泄泻、胃有痰饮湿浊及暴感风寒咳嗽者忌服。麦冬可以泡茶饮用，但不适合虚弱的人或者脾胃功能不完善的人，可能会引起腹泻。

**小贴士：** 夏季采挖，去除茎叶，放入水中清洗掉泥沙，放在太阳底下反复暴晒、堆置，至七八成干，除去根须，晒干。放置在阴凉干燥处保存。

**你知道吗？** 除了药用外，麦冬还是很好的绿化植物，麦冬中的一些品种，如银边麦冬、金边阔叶麦冬等，都以其优美的外形，常绿、耐寒、耐旱等的优良品质，而成为不可多得的观赏绿化植物。

| 科属：天门冬科、沿阶草属 | 药用部位：块根 | 性味：味甘、微苦，性微寒 |
| --- | --- | --- |

# 白及

又名白芨、白根、地螺丝、白鸡娃、连及草、朱兰、紫兰等。

**药用功效：** 白及具有止血、收敛、止痛、消肿、生肌的功效，可缓解咯血、吐血、衄血、外伤出血、疮疡肿毒、痢疾、皮肤皲裂等症状。白及研末，以米汤送服，可治重伤呕血，肺、胃出血。白及粉加水调匀，涂于患处，可治冬季手足皲裂。现代研究表明，白及具有保护胃黏膜、抗真菌等作用。

**生长习性：** 喜温暖湿润气候，不耐寒，以阴湿、疏松肥沃、排水良好的沙壤土、夹沙土和腐殖土为佳。

**植物形态：** 多年生草本植物，高30~70厘米。须根纤细，灰白色。块茎肥厚肉质，略扁平，黄白色。叶为披针形或广披针形，先端渐尖，基部延成长鞘状并抱茎，全缘。总状花序顶生，苞片披针形；花冠呈淡紫红色或黄白色，花被狭椭圆形，先端尖，唇瓣倒卵形。蒴果圆柱形，两端稍尖狭。

**分布区域：** 分布于陕西南部、甘肃东南部以及江苏、浙江、江西、湖北、湖南、广东、广西、四川、贵州等地。

**药用小知识：** 肺痈初起、外感咳嗽或肺胃有实热者忌服。不宜与附子、川乌、制川乌、草乌、制草乌等药物同用。

花冠呈淡紫红色或黄白色，花被为狭椭圆形，先端尖

断面类白色，角质，味苦，嚼之有黏性

不规则扁圆形，有爪状分枝，表面灰白色或黄白色

**小贴士：** 夏秋季采挖，去须根洗净，以沸水煮或蒸至无白心，晒至半干，去外皮晒干。

**你知道吗？** 白及能在比较阴暗的环境中生长，其花外形优美，具有一定的观赏价值，因此常被人们以盆栽的方式养丁室内，鲜切花也常被用来做插花造型。

叶为披针形或广披针形，全缘

| 科属：兰科、白及属 | 部位：根茎 | 味苦、甘、涩，性微寒 |

# 甘遂

又名主田、重泽、甘藁、陵藁、甘泽、苦泽、白泽、鬼丑、陵泽等。

**药用功效：** 甘遂具有泄水逐饮、消肿利尿、通利经络的功效，可治小便不利、痰多咳喘、水肿、腹有积水、癫痫。取10克甘遂、75克牵牛，共同研成粉末，用开水送服，可缓解水肿胀满。

**生长习性：** 生于荒坡、沙地、低山坡、草坡、农田地埂、路旁等处。

**植物形态：** 多年生草本植物。根系发达，中段及末端常呈长椭圆形、指形或串珠形，表皮棕褐色。茎直立，从基部分枝。叶互生，线形、线状披针形或线状椭圆形。雌雄同株，杯状聚伞花序。蒴果近球形。

**分布区域：** 主要分布于山西、陕西、河南等地。

**药用小知识：** 身体虚弱者、孕妇禁用。甘遂有毒，生甘遂毒性比较大，炮制后的甘遂毒性有所降低，但是无法完全消除。甘遂中毒的症状是腹痛、剧烈腹泻、水样便、恶心呕吐、头晕头痛、血压下降、脉搏减弱、体温下降、脱水心悸、呼吸困难等，严重时甚至可能危及生命。

叶线形、线状披针形或线状椭圆形

茎下部带紫红色，上部淡绿色

根弯曲，外表棕褐色

根呈长椭圆形、指形或串珠形，木质部微显放射状纹理

**小贴士：** 采收甘遂，在春季或秋末，其开花前或茎叶枯萎之后。采集后，除去茎叶、须根，洗净外皮，晒干，醋炙后使用。

**古籍名医录：**《神农本草经疏》："（甘遂）其味苦，其气寒而有毒，善逐水。其主大腹者，即世所谓水蛊也。又主疝瘕腹满、面目浮肿及留饮，利水道谷道，下五水，散膀胱留热，皮中痞气肿满者，谓诸病皆从湿水所生，水去饮消湿除，是拔其本也。"《本草新编》："（甘遂）破症坚积聚如神，退面目浮肿，祛胸中水结，尤能利水。张寿颐：甘遂苦寒。攻水破血，力量颇与大戟相类。"

| 科属：大戟科、大戟属 | 药用部位：根 | 性味：味苦，性寒 |
| --- | --- | --- |

# 乌头

又名乌药、草乌、铁花、鹅儿花等。

**药用功效：**乌头具有祛湿固阳、止泻止痢、止痛暖宫的功效，可缓解阳痿早泄、宫寒宫冷、小腹冷痛、呕吐、久痢、便秘、水肿、风寒疼痛等症状。与人参同用，益气回阳的功效更佳。现代研究表明，乌头有扩张血管、改善血液循环的作用。

**生长习性：**喜温暖湿润、向阳环境，耐寒，以土层深厚、土质疏松、排水良好、富含腐殖质的土壤为佳。

**植物形态：**乌头块根呈倒圆锥形。茎中部之上被反曲的短柔毛，等距离生叶，分枝。茎下部叶在开花时枯萎。叶片薄革质或纸质，呈五角形，急尖，有时短渐尖近羽状分裂，背面通常只沿脉疏被短柔毛；叶柄疏被短柔毛。

**分布区域：**分布于四川、陕西、河北、江苏、浙江、安徽、山东、河南、湖北、湖南、云南、甘肃等地。

顶生总状花序

叶片薄革质或纸质，五角形

花冠蓝紫色，上萼片高盔形

外皮黑褐色，油润有光泽，质硬而脆，断面角质样

**药用小知识：**乌头有极强的毒性，需用药时，请遵医嘱，并从正规药店或医疗机构购买。乌头毒性较大，入药要先煎，煎的时间也要久一点，以降低药物毒性，减少服药后的不良反应。服用乌头的不良反应包括手脚发麻、恶心呕吐、疲倦、呼吸困难、瞳孔散大、脉搏不规则、面色发白，严重时甚至导致死亡。孕妇忌用。服用栝楼、天花粉、贝母、半夏、白薇、洋地黄，以及维生素C、链霉素、卡那霉素、异烟肼等药物者，使用本品前务必咨询医生。

**小贴士：**想要提高乌头的品质必须修根，一般在清明和立夏时节进行修根。

| 科属：毛茛科、乌头属 | 药用部位：根 | 性味：味辛、苦，性热 |
| --- | --- | --- |

# 紫菀

又名青菀、紫倩、青牛舌头花、山白菜、驴夹板菜、驴耳朵菜、还魂草等。

**药用功效：** 紫菀具有润肺止咳、化痰排毒、下气的功效，肺虚、肺痿、痰多咳喘者可对症使用。其叶水煎内服可缓解霍乱呕吐不止和呕吐下泻后的抽筋。取适量根茎干品研末，温水冲服，可治产后下血。现代研究表明，紫菀具有抗菌、抗氧化等作用。

**生长习性：** 喜温暖湿润气候，耐涝，怕干旱，耐寒性较强。对土壤要求不高，除盐碱地和沙地外均可种植。

**植物形态：** 多年生草本植物。根状茎斜升，根茎较短，多须根，表面灰褐色。茎直立，上部疏生短毛。茎生叶互生，卵形或长椭圆形，渐上无柄；根生叶丛生，在花期枯落。头状花序多数，复伞房状排列；花序梗长；舌状花蓝紫色，筒状花黄色。瘦果扁平，紫褐色，上部被疏粗毛。

头状花序多数，复伞房状排列，舌状花蓝紫色，筒状花黄色

茎生叶互生，卵形或长椭圆形

茎直立，上部疏生短毛

干品表面紫红色或灰红色，有纵皱纹，质地比较柔韧

**分布区域：** 分布于东北、西北、华北地区，主产于河北、安徽、内蒙古等地。

**药用小知识：** 一般人群皆可食用，尤适宜肺痿、肺痈、咳吐脓血、小便不利、痰多喘咳患者。有实热者、阴虚干咳者慎服。正在服用远志、瞿麦等药物者，使用本品前务必咨询医生。

**小贴士：** 春秋季，挑选晴天，整株挖取，除去茎叶，洗净泥土，摊开晾晒，或将须根编成小辫晒干。放置在阴凉干燥处保存。

**古籍名医录：**《本草纲目》："《别录》曰：紫菀生汉中、房陵山谷及真定、邯郸。二月、三月采根，阴干。弘景曰：近道处处有之。其生布地，花紫色，本有白毛，根甚柔细。有白者名白菀，不复用。"

| 科属：菊科、紫菀属 | 药用部位：根、根茎 | 性味：味苦、辛，性温 |
|---|---|---|

# 马蹄莲

又名慈姑花、水芋、野芋、海芋百合等。

**药用功效：** 马蹄莲具有清热排毒、消肿止痛的功效。因其有毒，一般忌内服。其根茎捣烂外敷创伤处，可预防破伤风。

**生长习性：** 喜温暖气候，不耐寒，不耐高温，以疏松肥沃、腐殖质丰富的土壤为佳。

**分布区域：** 分布于北京、江苏、福建、台湾、四川、云南等地，以及秦岭地区。

**药用小知识：** 马蹄莲的块茎、佛焰苞和肉穗花序有毒，误食会引起中毒，务必咨询医生并在医生指导下谨慎使用。

肉穗长 6~9 厘米，直径 4~7 毫米，黄色，雌花序长 1~2.5 厘米，雄花序长 5~6.5 厘米

花序柄较长，光滑

花序圆柱形，佛焰苞管部短，檐部略后仰，锐尖或渐尖

叶片较厚，绿色，心状箭形或箭形，先端锐尖、渐尖或具尾状尖头，基部心形或戟形，全缘

| 科属：天南星科、马蹄莲属 | 药用部位：根茎 | 性味：味淡，性寒 |
|---|---|---|

# 水仙

又名多花水仙、凌波仙子、金盏银台、洛神香妃、玉玲珑、金银台等。

**药用功效：** 水仙具有消肿化瘀、清热解毒、清心悦神、理气调经、止痛的功效，水煎内服可缓解神疲头昏、月经不调、痢疾等症状。外用可治疮毒、虫咬、跌打损伤。

**生长习性：** 喜阳光充足，能耐半阴，不耐寒。喜温暖湿润的环境，以排水良好的土壤为佳。

**分布区域：** 分布于湖北、江苏、上海、福建等长江以南地区。

**药用小知识：** 水仙的鳞茎有毒，不宜内服。误食水仙球茎会导致恶心、呕吐、腹痛等症状，需尽快送医治疗。

伞形花序，花瓣 6 枚，多为白色，副冠杯形，鹅黄或鲜黄色

茎叶光滑具白粉

叶扁平带状，苍绿色，叶面具霜粉，先端钝，叶脉平行

根由茎盘上长出，肉质，圆柱形，无侧根，质脆弱，易折断，断后不能再生

| 科属：石蒜科、水仙属 | 药用部位：鳞茎、花 | 性味：味苦、微辛，性寒 |
|---|---|---|

# 紫草

又名山紫草、紫丹、紫芙、地血、鸦衔草、大紫草等。

**药用功效：** 紫草以根入药，有清热解毒、凉血活血、通便润肠的功效，黄疸、吐血、尿血、便秘、湿疹、丹毒者可对症使用。紫草还具有一定的抗菌、抗炎作用。用紫草煎煮取汁涂抹，可治小儿白秃。

**生长习性：** 耐寒，忌高温，怕水浸，以石灰质壤土、沙壤土、黏壤土为佳。

**分布区域：** 分布于黑龙江、吉林、辽宁、河北、河南、安徽、广西、贵州和江苏等地。

**药用小知识：** 紫草微毒，长期服用或者过量服用对身体有害。胃肠虚弱、大便滑泄者忌用。患痤疮、气虚脾弱、泄泻不思食、小便清利者也禁用。哺乳期女性在使用紫草前请务必咨询医生；孕妇忌内服，外用也请咨询医生。紫草还有避孕作用，备孕者慎用。

**小贴士：** 选购本品，以条粗长、肥大、色紫、皮厚、木心小者为佳。

茎直立，单一或上部分枝，全株被粗硬毛

总状聚伞花序，顶生，花冠白色

根直立，圆柱形，略弯曲，外皮暗紫红色

| 科属：紫草科、紫草属 | 药用部位：根 | 性味：味甘、咸，性寒 |
|---|---|---|

# 荆三棱

又名京三棱、草三棱、鸡爪棱等。

**药用功效：** 荆三棱具有活血行气、破瘀消积、调经止痛、通乳的功效，血瘀经闭、月经不调、食积胀痛者可对症使用。可缓解乳汁不下的症状，以及因气血不和、经络阻塞、食积寒凝所致的脐腹部或胁肋部疼痛。现代研究表明，荆三棱还有抗凝血、抗动脉粥样硬化、抗血栓形成、抗肿瘤、镇痛等作用。

**生长习性：** 喜阳耐寒，适应性强。生于沼泽地和水中。

**分布区域：** 主要分布于东北地区，以及河北、山西、内蒙古、新疆、江苏、江西、浙江、台湾、广东、贵州、四川等地。

**药用小知识：** 气虚体弱者、血枯经闭或月经过多者、孕妇禁用。

叶互生，窄条形，全缘，先端渐尖，基部鞘状

茎通常单一，间或有分枝

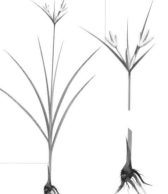

块茎膨大，呈球状

| 科属：莎草科、三棱草属 | 药用部位：根茎 | 性味：味辛、苦，性平 |
|---|---|---|

# 七叶一枝花

又名重楼、蚤休、重台、草甘遂等。

**药用功效：** 中药重楼又名蚤休，为藜芦科重楼属植物七叶一枝花及其他数种同属植物的根茎。重楼具有消肿镇定、清热解毒的功效，可缓解咽喉肿痛、疔疮、小儿惊风抽搐等症状。捣烂外敷可治疗蛇虫咬伤、跌打损伤等。取

适量重楼根、朱砂根和少许雄黄，研成粉末，用白酒调搽患处，可辅助治疗带状疱疹。现代研究表明，重楼可以杀虫、止血、镇静、止痛等。

**生长习性：** 生于山区山坡、林下或溪边湿地。

**分布区域：** 分布于江苏、浙江、福建、江西、安徽、湖北、四川、贵州、云南、广东、广西等地。

**药用小知识：** 重楼有毒，煎汁内服的时候，要严格按照医生的嘱咐服用，不能自己增减药量。脾胃虚寒者慎用。孕妇忌用。

叶轮生茎顶，长椭圆形或椭圆状披针形

蒴果球形，熟时黄褐色，内含多个鲜红色卵形种子

茎单一，青紫色或紫红色，根茎肥厚，黄褐色，结节明显

| 科属：藜芦科、重楼属 | 药用部位：根茎、叶 | 性味：味苦，性微寒 |
| --- | --- | --- |

# 大戟

又名下马仙、红芽大戟等。

**药用功效：** 大戟具有利水通便、消肿散结的功效，小便不利、肠燥便秘、痰多咳嗽、水肿胀满者可对症使用。取 5 克大戟、100克茵陈蒿，用适量清水煎煮内服，可治黄疸、小便不通。

**生长习性：** 喜温暖湿润气候，耐旱，耐寒，喜潮湿。对土壤要求不高，以土层深厚、疏松肥沃、排水良好的沙壤土或黏壤土为佳。

**分布区域：** 全国各地均有栽培。

**药用小知识：** 身体虚弱者、孕妇以及哺乳期女性禁用。大戟有毒，不能长时间使用或者过量使用，使用时一定要遵从医嘱。

叶常为椭圆形，少为披针形或披针状椭圆形，全缘

茎单生或自基部多分枝，被柔毛或无毛

根圆柱状，长 20~30 厘米，直径 6~14 毫米，分枝或不分枝

| 科属：大戟科、大戟属 | 药用部位：根、茎叶 | 性味：味苦，性寒 |
| --- | --- | --- |

# 半夏

又名水玉、地文、和姑、害田等。

**药用功效：** 半夏具有降燥祛湿、化痰止呕、通利经络、化瘀消肿的功效，痰多咳喘、头晕目眩、呕吐反胃、胸闷气短、跌打损伤者可对症使用。鲜半夏捣烂外敷可治痈肿。半夏与生姜或藿香、丁香配伍，可缓解胃寒呕吐；若缓解胃热呕吐可配黄连、竹茹；妊娠呕吐，则可配灶心土。现代研究显示，半夏具有抗肿瘤、解蛇毒、降血脂、抗心律失常、抗血栓、抗炎、镇痛、镇静等作用。

**生长习性：** 喜温和湿润气候，不耐干旱，忌高温。

**分布区域：** 除内蒙古、新疆、青海、西藏以外，全国各地均有分布。

老株叶片 3 全裂，裂片绿色，背面色淡

干燥块茎呈圆球形、半圆球形或偏斜状，直径 0.8~2 厘米

叶长圆状椭圆形或披针形，两头锐尖

姜半夏，为半夏的炮制加工品

**药用小知识：** 阴虚燥咳、津伤口渴者忌服。对白矾、姜、甘草、石灰过敏者禁用。有各种出血症状者禁用。半夏具有一定毒性，半夏中毒会引起口舌麻木、咽喉疼痛、上腹部不适，继而出现声音嘶哑、言语不清、吞咽困难、腹痛腹泻、发热出汗、头痛、面色苍白、呼吸不规律等症状，情况更严重者，会出现抽搐、喉部痉挛等，甚至会因呼吸衰竭而死亡，因此使用本品一定要遵循医嘱。正在服用糖皮质激素、抗生素、阿司匹林、乌头类药物者，

使用本品前务必咨询医生。

**小贴士：** 采集半夏，当在夏秋两季，挑选晴天，采挖后洗净泥沙，除去外皮及须根，置于通风干燥处晒干，晾干后放置在阴凉干燥处存放。

| 科属：天南星科、半夏属 | 药用部位：根茎 | 性味：味辛，性温 |
| --- | --- | --- |

# 木槿

又名无穷花、藩篱草等。

**药用功效：**木槿具有清热解毒、利水消肿、凉血止痛的功效，痢疾、白带异常、痔疮、疮疖、烫伤者可对症使用。其根多用于缓解咳嗽、疥癣、肺痈、肠痈等症状。其根皮和茎皮能清热利湿、杀虫止痒，可治痢疾、湿疹。其果实被称为"朝天子"，可清肺化痰，多用于咳嗽、痰多、气喘、神经性头痛。

**生长习性：**喜光，稍耐阴，喜温暖湿润气候，较耐寒。

**植物形态：**落叶灌木，高3~4米。茎直立，多分枝，稍披散，树皮灰棕色，小枝密被黄色茸毛。单叶互生，呈卵形或菱状卵圆形，常具3裂，先端钝，基部楔形，边缘具不整齐齿缺，下面沿叶脉微被毛或近无毛。花单生于枝端叶腋间，花萼钟形，花瓣倒卵形，密被星状短茸毛，单瓣、复瓣至重瓣，花色有浅蓝紫色、粉红色或白色，外面疏被纤毛和长柔毛。

**分布区域：**主要分布于华东、中南、西南地区。

**药用小知识：**尤适宜痢疾、痔疮出血、白带异常、疮疖痈肿、烫伤患者。

花单生于枝梢叶腋

茎直立，多分枝，稍披散

**你知道吗？**木槿是常见的观赏植物，南方地区多栽植用作篱笆或栅栏，北方地区多室内盆栽养殖。木槿还具有防尘、吸收多种有害气体的作用，是很好的绿化品种。

**古籍名医录：**《本草纲目》："宗奭曰：木槿花如小葵，淡红色，五叶成一花，朝开暮敛。湖南北人家多种植为篱障。花与枝两用。时珍曰：木槿皮及花，并滑如葵花，故能润燥。色如紫荆，故能活血。川中来者，气浓力优，故尤有效。"

单叶互生，叶卵形或菱状卵圆形

花瓣倒卵形

科属：锦葵科、木槿属　　药用部位：根、花、叶、果实　　性味：味苦、甘，性平

106

# 骨碎补

又名崖姜、岩连姜、爬岩姜、肉碎补等。

**药用功效：** 骨碎补具有补肾健骨、止痛疗伤的功效，肾虚腰痛、筋骨疼痛、耳聋耳鸣、小儿疳积者可对症使用。捣烂外敷可辅助治疗白癜风、斑秃。取 25~30 克去毛的骨碎补水煎内服，可治腰背疼痛、关节酸软、跌打损伤。取 100 克骨碎补杵烂，加少许菜油、茹粉、生姜母，炒制后敷患处，可治挫闪损伤。

**生长习性：** 生于海拔 500~700 米的山地、林中的树干上或岩石上。

**植物形态：** 植株高可达 40 厘米。根状茎长而横走，4~5 毫米粗，密被蓬松的灰棕色鳞片，鳞片阔披针形或披针形。叶远生，叶片五角形，先端渐尖，基部浅心形，四回羽裂，羽片对生或近对生，有短柄，斜展，裂片椭圆形，极斜向上，钝头，单一或二裂为不等长的钝齿。

**分布区域：** 分布于青海、甘肃、陕西、四川、云南、广西、广东、辽宁等地。

裂片椭圆形，极斜向上

根状茎长而横走，密被蓬松的灰棕色鳞片

**药用小知识：** 孕妇忌服。阴虚内热者、血虚有火者、没有瘀血者禁用。不宜与风燥药同用。忌与羊肉、羊血、芸薹菜一同服用。

**你知道吗？** 骨碎补可分为生骨碎补和烫骨碎补。生骨碎补擅长活血续伤，主要用于跌扑闪挫的治疗；烫骨碎补擅长补肾强骨，多用于治疗肾虚腰痛、筋骨痿软、耳鸣耳聋等。所以，不是所有的骨碎补都可以用来治疗跌打损伤。

叶远生，叶片五角形

呈扁平长条状，多弯曲

| 科属：骨碎补科、骨碎补属 | 药用部位：根、根茎 | 性味：味苦，性温 |
|---|---|---|

# 芫花

又名南芫花、芫花条、药鱼草、莞花、头痛花、闷头花、老鼠花等。

**药用功效：** 芫花具有泄水逐饮、杀虫疗疮的功效，水煎内服可缓解水肿胀满、气逆咳喘、痰多咳嗽、风湿痛、牙痛、痈疖肿毒等症状；捣烂外敷患处，治冻疮、疥癣、跌打损伤。

**生长习性：** 生于山坡路边或疏林中。

**分布区域：** 分布于河北、山西、陕西、甘肃、山东、江苏、安徽、浙江、江西、福建、台湾、河南、湖北、湖南、四川、贵州等地。

**药用小知识：** 生芫花有毒，内服不要过量，醋泡可以降低芫花毒性。体质虚弱、津液亏损、脾肾阳虚者忌服。孕妇禁用。芫花和甘草不可同时服用。

花3~7朵簇生叶腋，淡紫红或紫色，先叶开花

叶对生，卵形、卵状披针形或椭圆形

茎多分枝，幼枝纤细，密被淡黄色丝状毛

| 科属：瑞香科、瑞香属 | 药用部位：根皮、花 | 性味：味苦、辛，性温 |
|---|---|---|

# 银莲花

又名风花、复活节花等。

**药用功效：** 银莲花的干燥根茎为中药两头尖，具有祛风湿，消痈肿的功效，常用于治疗风寒湿痹、四肢拘挛、骨节疼痛、痈肿溃烂等症。

**生长习性：** 喜凉爽、潮润、阳光充足的环境，较耐寒，忌高温多湿，以湿润、排水良好的肥沃壤土为佳。

**植物形态：** 基生叶呈圆肾形，两面疏生柔毛或无毛，中央裂片宽菱形或菱状倒卵形。伞形花序简单，雄蕊多数，花丝条形，花瓣白色或略带粉色。瘦果扁平，呈宽椭圆形或近圆形。根茎横走或斜生，呈长纺锤形，略弯曲，一端较粗，顶端具数枚黄白色大型膜质鳞片。

**分布区域：** 多见于东北地区以及华北北部地区。

**药用小知识：** 内服用量不宜过大。孕妇忌服。

**你知道吗？** 以色列的国花是银莲花。

雄蕊多数，花丝条形

萼片白色或略带粉色

| 科属：毛茛科、银莲花属 | 药用部位：根茎 | 性味：味辛，性热 |
|---|---|---|

# 花类

花是被子植物的繁殖器官，它的生物学功能是结合花粉与胚珠而产生种子。裸子植物的花通常无明显的花被，一般为单性；被子植物的花结构复杂多样。常用的花类药用植物有菊花、薰衣草、番红花等。

# 菊花

又名寿客、金英、黄华、秋菊、陶菊等。

**药用功效：**菊花具有清热解毒、清肝明目、提神醒脑的功效，水煎内服可缓解头晕目眩、风热感冒、烦热焦躁、咳嗽、目赤肿痛等症状，也可捣烂外敷治疗疮肿毒。制成菊花茶，常饮可提神醒脑、舒缓头痛。现代研究表明，菊花具有抗病原微生物、抗疲劳、抗炎、抗氧化、保护心肌等作用。

**生长习性：**喜凉爽，较耐寒，最忌积涝，以地势高、土层深厚、富含腐殖质、疏松肥沃、排水良好的土壤为佳。

**植物形态：**多年生宿根草本植物，高 60~150 厘米。茎直立，分枝或不分枝，被柔毛。叶互生，有短柄，叶片卵形至披针形，羽状浅裂或半裂，下面被白色短柔毛，边缘有粗大锯齿或深裂，基部楔形。头状花序顶生或腋生，一朵或数朵簇生；花瓣颜色多样，有红、黄、白、墨、紫、绿、橙、粉、棕、雪青、淡绿等色。

**分布区域：**全国各地均有栽培。

头状花序顶生或腋生，一朵或数朵簇生

茎直立，分枝或不分枝，被柔毛

叶卵形至披针形，羽状浅裂或半裂

花朵颜色有红、黄、白、墨、紫、绿、橙、粉、棕、雪青、淡绿等

**文化典故：**在中国传统文化中，菊花有独立寒秋、不随众俗、品质高洁的风骨，文人将不慕虚荣、傲然不屈、安贫乐道的人格理想投射到菊花身上，因此菊花又有"君子之花""花中隐士"之美誉。

**药用小知识：**尤适宜头痛、眩晕、目赤肿痛、风热感冒、咳嗽、心胸烦热患者。菊花性微寒，气虚胃寒、食少泄泻者慎服。

| 科属：菊科、菊属 | 药用部位：花 | 性味：味甘、苦，性微寒 |
| --- | --- | --- |

# 香石竹

又名康乃馨、狮头石竹、麝香石竹、大花石竹、荷兰石竹等。

**药用功效：** 香石竹具有清心、祛燥、安神止渴、生津润喉、美容养颜、健胃消食、祛斑抗皱、消肿明目的功效，可缓解虚劳、咳嗽、头晕、牙痛、燥渴、气虚、面无光泽等症状。

**生长习性：** 喜阴凉干燥、阳光充足与通风良好的生态环境，耐寒性好，耐热性较差，宜栽植于富含腐殖质、排水良好的石灰质土壤中。

**分布区域：** 分布于福建、湖北等地。

**药用小知识：** 一般人群皆可食用，尤适宜牙痛、头痛、面部暗黄、虚劳咳嗽患者。

花大，气芳香，萼下有菱状卵形小苞片 4 枚，先端短尖

花瓣不规则，边缘有齿，单瓣或重瓣，有红色、粉色、黄色、白色等

叶厚线形，对生，茎叶与中国石竹相似而较粗壮，被白粉

茎丛生，质坚硬，灰绿色，节膨大，高约 50 厘米

| 科属：石竹科、石竹属 | 药用部位：花 | 性味：味甘，性微凉 |

# 金莲花

又名寒金莲、旱金莲、旱地莲、金芙蓉、金梅草、旱荷、陆地莲等。

**药用功效：** 金莲花具有清热败火、滋阴润肠的功效，扁桃体炎、急性中耳炎、急性鼓膜炎、急性结膜炎、急性淋巴管炎患者可对症使用。取金莲花加适量的白糖、枸杞、甘草、玉竹等泡水代茶，长期饮用，可预防和治疗喉炎、慢性咽炎、扁桃体炎等，尤其对从事播音、声乐、教育和通信等语言工作者有一定的保健作用。现代研究表明，金莲花还具有抗炎、镇痛、抑菌、抗病毒、抗氧化等作用。

**生长习性：** 喜温暖湿润、阳光充足的环境和排水良好而肥沃的土壤。

**分布区域：** 全国各地均有栽培。

**药用小知识：** 金莲花药性凉，过量使用可能引起胃部不适、精神疲惫、大便溏稀等，服用时请遵医嘱。孕妇忌服。

花单生，黄色，椭圆状倒卵形或倒卵形，花瓣多个，与萼片近似等长，狭条形，顶端渐狭

茎柔软攀附

基生叶具长柄，叶片五角形，边缘深裂

| 科属：毛茛科、金莲花属 | 药用部位：花 | 性味：味苦，性凉 |

# 红花

又名红蓝花、刺红花等。

**药用功效：** 红花具有活血调经、疏肝通络、利水消肿、散瘀止痛的功效，可辅助治疗妇科病，如闭经、痛经、恶露不行、瘀滞腹痛等症，适用于血瘀体质患者。红花也常用于急慢性的肌肉劳损、砸伤、扭伤导致的肿胀，及褥疮、冠心病及心绞痛等症的治疗。现代研究表明，红花有抗凝血、改善微循环、抗心肌缺血、抗氧化、抗缺氧、保护肝脏等作用。

**生长习性：** 喜温暖干燥气候，耐寒，耐旱，较耐贫瘠，忌水涝，以排水良好、中等肥沃的沙壤土为佳。

**分布区域：** 分布于河南、湖南、四川、新疆、西藏等地。

**药用小知识：** 孕妇忌服。产后不宜使用红花。溃疡患者、月经过多及有出血倾向的人慎用。用于养血时，红花用量要少；活血祛瘀时，红花用量要多。正在服用泼尼松龙等药物者，使用本品前务必咨询医生。

头状花序单生于茎端

小花多红色、橘红色，裂片针形

叶长椭圆形或披针形，叶缘具齿或全缘

| 科属：菊科、红花属 | 药用部位：花 | 性味：味辛，性温 |
| --- | --- | --- |

# 木棉

又名攀枝花、红棉树、加薄棉、英雄树等。

**药用功效：** 木棉花具有清热利湿、消肿止痛、祛风解暑的功效。木棉根水煎内服可缓解肠炎、痢疾、颈部淋巴结结核的症状。木棉树皮捣烂外敷能活血消肿，可改善跌打损伤。取 30 克木棉树皮，加 90 克猪瘦肉，煲汤内服，可改善便后下血。取 30 克木棉根或树皮，加 6 克刺刁根，用水煎服，可缓解胃痛。现代研究表明，木棉具有抗炎、抗病原微生物、保护肝脏等作用。

**生长习性：** 喜温暖干燥和阳光充足的环境，不耐寒，稍耐湿，忌积水。

**分布区域：** 分布于云南、四川、贵州、广西、江西、广东、福建、台湾等地。

**药用小知识：** 一般人群皆可食用，尤适宜肠炎、痢疾患者。正在服用硫酸亚铁、富马酸亚铁等药物者，使用本品前务必咨询医生。

花单生枝顶叶腋，呈红色或橙红色

分枝平展，颜色为灰色

花瓣肉质，倒卵状长卵形，长 8~10 厘米，宽 3~4 厘米

花萼杯状，长 2~3 厘米

| 科属：锦葵科、木棉属 | 药用部位：花、树皮、根 | 性味：味甘、淡，性凉 |
| --- | --- | --- |

# 蜀葵

又名一丈红、熟季花、戎葵、吴葵、卫足葵、胡葵等。

**药用功效：**蜀葵具有清热解毒、排脓、利尿的功效，痢疾、肠炎、宫颈炎、尿道感染、小便赤痛患者可适对症使用。其花有通便、解毒的作用，可解河豚毒；其种子有利尿、通淋的作用，有助于缓解水肿、尿路结石的症状。外用时，可取其花和叶捣碎外敷于痈肿疮疡、烧烫伤处。

**生长习性：**耐寒，喜阳光，耐半阴，忌涝，耐盐碱。

**分布区域：**广泛分布于华东、华中、华北及华南地区。

**药用小知识：**脾胃虚寒者及孕妇忌服。

**你知道吗？**蜀葵有很多品种，比如千叶、五心、剪绒等，适合成丛种植。其中红色蜀葵颜色鲜艳，深受人们喜欢。需要注意的是，这种植物特别容易杂交，所以如果想培育出纯种蜀葵，播种时不同品种之间要保持一定的间距。

茎直立挺拔，丛生，全体被星状毛和刚毛

花单生或近簇生于叶腋，有粉红、红、紫、墨紫、白、黄、乳黄等颜色

基生叶片较大，叶片近圆心形或长圆形

| 科属：锦葵科、蜀葵属 | 药用部位：花、叶、种子、根 | 性味：味甘、咸，性凉 |
|---|---|---|

# 紫罗兰

又名草桂花、四桃克、草紫罗兰等。

**药用功效：**紫罗兰具有清热解毒、活血化瘀的功效，可清润呼吸道，缓解支气管炎症状。将新鲜的紫罗兰花用清水洗净，水煮 15 分钟至沸，过滤后的汁液代茶饮，可化痰润喉、宣肺止咳。

**生长习性：**喜冷凉的气候，忌燥热，喜通风良好和阳光充足的环境，对土壤要求不高。

**分布区域：**原产于地中海沿岸及东非地区，如今在我国各地广泛栽培。

**药用小知识：**尤适宜面部生痤疮或色斑、肤色暗沉、无光泽，口腔有异味的患者。

总状花序顶生或腋生，花多数

花瓣 6 枚，近卵形

花紫色或紫红色

叶片长圆形至倒披针形或匙形，全缘或呈微波状

| 科属：十字花科、紫罗兰属 | 药用部位：花 | 性味：味苦、辛，性平 |
|---|---|---|

# 圆齿狗娃花

又名路旁菊、其米（藏语）等。

疏松肥沃、富含腐殖质的沙壤土为佳。生于海拔1 900~3 900米的空旷山坡、田野、路旁。

**植物形态：** 一年生或二年生草本植物，高10~60厘米。茎直立，单生，有分枝，被腺毛及长密毛。叶互生，狭长或匙形，下部叶常有圆齿，上部叶常全缘，先端钝或圆形。头状花序单生于枝端，舌片浅紫色或蓝色，管状花黄色。

**分布区域：** 分布于西藏、云南、

**药用功效：** 圆齿狗娃花具有解毒、明目、安神、润肺止咳的功效，可缓解感冒、咳嗽、咽痛、目赤、虫蛇咬伤等症状。将其花瓣阴干，收入枕中，可缓解头晕、失眠症状。用它泡茶常饮，则能祛风消暑、润喉生津、明目安神。

**生长习性：** 耐干旱，怕积水，以

四川、青海、甘肃等地。

**药用小知识：** 圆齿狗娃花性寒，孕妇慎服。

头状花序单生于枝端，管状花黄色

叶狭长或匙形，下部叶常有圆齿，上部叶常全缘

茎直立，单生

| 科属：菊科、紫菀属 | 药用部位：花、茎叶 | 性味：味苦，性寒 |
|---|---|---|

# 野菊

又名野黄菊、苦薏、山菊花、甘菊花等。

干野菊花，用沸水泡20分钟，代茶饮，能预防感冒、百日咳、脑炎。现代研究表明，野菊花还具有降血压、镇痛、抗心肌缺血、抗氧化、抗病原微生物、抗肿瘤等作用。

**生长习性：** 喜凉爽湿润气候，耐寒，以土层深厚、疏松肥沃、富含腐殖质的土壤为佳。

**分布区域：** 分布于吉林、辽宁、河北、河南、山西、陕西、甘肃、青海等地。

**药用小知识：** 脾胃虚寒者及孕妇忌用。野菊花性微寒，长期服用或用量过大，可伤脾胃阳气。

**小贴士：** 质量上乘的野菊花色黄无梗、完整、味道稍苦、花不全开。

**药用功效：** 野菊花具有清热解毒、泻火平肝的功效，水煎内服可缓解风热感冒、咽喉肿痛、目赤疼痛、丹毒、痈疽等症状。鲜花捣碎绞汁敷于患处，可辅助治疗皮炎、湿疹、疔疮等病症。取6克

头状花序

叶互生，卵状三角形或卵状椭圆形，羽状分裂，裂片边缘有锯齿，两面有毛

| 科属：菊科、菊属 | 药用部位：花 | 性味：味苦、辛，性微寒 |
|---|---|---|

# 香蒲

又名东方香蒲、水蜡烛等。

**药用功效：** 香蒲主要以花粉入药，称蒲黄，具有止血化瘀、清热解毒、调经利尿、消炎杀菌的功效，白带异常、月经不调、闭经、小便不利、产后小腹隐痛不止、血淋、湿疹患者可对症使用。香蒲的根茎煎汁服用，可以缓解风湿及类风湿疼痛。

**生长习性：** 生于湖泊、池塘、沟渠、沼泽及河流缓流带。

**分布区域：** 分布于黑龙江、吉林、辽宁、内蒙古、河北、山西、山东、河南、陕西、安徽、江苏、浙江、江西、广东、云南、台湾等地。

**药用小知识：** 蒲黄具有化瘀功效，还可刺激子宫收缩，可能会引起胎动不安，故孕妇慎用。

**你知道吗？** 香蒲植株外形优美，具有美化环境的功能。人们常将香蒲种植于园林的池边、湖畔，或制成盆景置于庭院中，这样能为整个景观增色不少。

地上茎粗壮，向上渐细，高1.3~2米

叶片条形，光滑无毛，上部扁平，下部腹面微凹，背面逐渐隆起

根茎乳白色

| 科属：香蒲科、香蒲属 | 药用部位：花粉、根茎 | 性味：味甘、微辛，性平 |
| --- | --- | --- |

# 鸡蛋花

又名缅栀子、蛋黄花、印度素馨、大季花等。

**药用功效：** 鸡蛋花具有清热解毒、清肺、润肺、祛湿祛痰、利肠止痢、预防中暑的功效，发热感冒、尿路结石、痢疾患者可对症使用。取20~40克鸡蛋花干品，水煎内服，可改善痢疾和腹泻的症状。

现代研究表明，鸡蛋花含有丰富的萜类、环烯醚萜类等成分，还含有豆甾醇、齐墩果酸等成分，这些成分具有通便、局部麻醉和解痉等作用。

**生长习性：** 喜高温高湿、阳光充足、排水良好的环境。

**分布区域：** 广东、广西、云南、福建等地有栽培，长江流域及以北地区需要在温室内栽培。

**药用小知识：** 尤适宜感冒发热、肺热咳嗽、湿热黄疸、泄泻、痢疾、尿路结石、中暑、腹痛患者。

**你知道吗？** 在中国的西双版纳等地区及东南亚国家，鸡蛋花被定为佛教寺院的"五树六花"之一，栽培甚广，

又称"庙树""塔树"。老挝国花是鸡蛋花，广东省肇庆市市花也是鸡蛋花。

花数朵聚生于枝顶，花冠筒状，花粉红色或白色，喉部染黄，花瓣5枚

叶大，厚纸质，多聚生于枝顶，叶脉在近叶缘处连成一边脉

枝条粗壮，肉质茎，具丰富的乳汁，绿色，无毛

| 科属：夹竹桃科、鸡蛋花属 | 药用部位：花、茎皮 | 性味：味甘、微苦，性凉 |
| --- | --- | --- |

# 款冬

又名冬花、看灯花、艾冬花、
菟奚花、颗冻等。

研为细末，制成龙眼大小的蜜丸，每天晚饭后用姜汤送服，可改善咳嗽不止、痰中带血的症状。现代研究表明，款冬有抗炎、抗溃疡等作用。

**生长习性：** 栽培或野生于河边、沙地，以肥沃、排水良好的沙壤土为佳。

**分布区域：** 分布于华北、西北、西南地区，以及河南、湖北、西藏等地。

多年生草本，高 10~25 厘米 ——

**药用功效：** 款冬具有润肺止咳、化痰、下气的功效，肺痿、咳嗽、痰血、喉痹、咳逆喘息者可对症使用。取 75 克款冬、50 克甘草、100 克桔梗、50 克薏苡仁，水煎服，可缓解咽干口渴、胸满、振寒之症。用款冬、百合等干品

**药用小知识：** 阴虚劳嗽、肺火燔灼、肺气焦满者忌服。正在服用玄参、皂荚、青葙、黄连、麻黄、贝母等药物者，使用本品前务必咨询医生。

头状花序顶生，具柔毛，舌状花在周围一轮，鲜黄色

基生叶广心形或卵形，先端钝，边缘呈波状疏锯齿，锯齿先端往往带红色

| 科属：菊科、款冬属 | 药用部位：花 | 性味：味辛、微苦，性温 |
| --- | --- | --- |

# 玉簪

又名玉春棒、白鹤花、玉泡花、白玉簪等。

热解毒、消肿止痛。取 8~10 克玉簪花干品，沸水冲服代茶饮，可治咽炎。取 30 克鲜玉簪根，水炖之后取汁，加冰糖调服，能改善肺热、咳嗽、痰中带血。现代研究表明，玉簪还具有抗炎、抗肿瘤、镇痛的作用。

**生长习性：** 喜阴湿环境，极耐寒，以肥沃、湿润的沙壤土为佳。

**分布区域：** 全国各地均有栽培。

**药用小知识：** 玉簪有毒，不可过量服用或者长时间服用，以防中毒。孕妇慎服。牙齿有损伤者禁用。

**小贴士：** 质量上乘的玉簪花成品颜色黄白、身长、个体完整。

花茎从叶丛中抽出，花白色或紫色，有香气，具细长的花被筒

**药用功效：** 玉簪具有清热解毒、利湿、调经、清肺、润肺、凉血、止血的功效，能缓解咽喉肿痛、小便不通、疮毒、烧伤等症状。其花入药可调经、利湿；其叶有消肿解毒的作用；其根入药能清

叶卵圆形或心状卵圆形，具长柄

| 科属：天门冬科、玉簪属 | 药用部位：花、叶、根 | 性味：味苦、辛，性寒 |
| --- | --- | --- |

# 萱草

又名忘忧草、金针菜、健脑菜、安神菜、绿葱、鹿葱花等。

**药用功效：** 萱草具有清热益气、利尿除湿的功效，头晕心悸、吐血、衄血、耳鸣、水肿者可对症使用。取其叶 15 克，水煎内服，可治小儿疳积。取其根 15~25 克，水煎内服，能治小便不利、黄疸、湿热。

**生长习性：** 耐贫瘠，耐旱，对土壤要求不高。

**植物形态：** 多年生草本植物。根近肉质，中下部常有纺锤形膨大。叶基生，狭长带状，下端重叠，向上渐平展。花茎自叶腋抽出，茎顶分枝开花。花大且多，近顶部聚成总状或伞状花序，橙黄色，花被 6 裂，无毛。蒴果椭圆形，革质。种子黑色，有棱。

**分布区域：** 全国各地广泛栽培。

**药用小知识：** 皮肤瘙痒、哮喘、痰多、肠胃病患者忌服。

**小贴士：** 萱草的鲜花中含有秋水仙碱，这种物质对人体有毒副作用，干制或高温可破坏秋水仙碱，使其失去毒性。

花茎自叶腋抽出，茎顶分枝开花

叶基生，狭长带状

花为橙黄色，漏斗形

**文化典故：** 萱草是我国土生土长的植物品种，已有 2 000 多年的栽培史。《诗经·卫风》云："焉得谖草，言树之背，愿言思伯，使我心痗。"谖草即萱草，这里讲述的是一位妇人思念远征的丈夫，便在家的北面种了萱草，以解相思忧愁。从此，人们便称萱草为"忘忧草"。

**你知道吗？** 萱草除了可以药用，还具有一定的观赏价值，常被种植在庭院、花坛等地以作点缀。

**古籍名医录:**《本草求真》:"（萱草）味甘而气微凉，能去湿利水，除热通淋，止渴消烦，开胸宽膈，令人心平气和，无有忧郁。"

| 科属：阿福花科、萱草属 | 药用部位：花、叶、根 | 性味：味甘，性凉 |
| --- | --- | --- |

# 朱槿

又名赤槿、日及、扶桑、佛桑、红扶桑、红木槿、桑槿、火红花等。

**药用功效：** 朱瑾具有清肺化痰、消肿、解毒、凉血、利尿的功效，水煎内服可缓解腮腺炎、乳腺炎、急性结膜炎、尿路感染等病的症状，外用时，取其鲜花或叶捣碎外敷于患处，可治脓疮。

**生长习性：** 喜温暖、湿润，要求日光充足，不耐阴，不耐寒、旱。喜肥沃湿润而排水良好的土壤。

**分布区域：** 全国各地均有栽培。

**药用小知识：** 一般人群皆可服食，尤其适宜气虚脾弱、面色无华、尿路感染、鼻血、月经不调、肺热咳嗽、腮腺炎、乳腺炎患者。

**你知道吗？**

朱槿的花可制成腌菜，嫩叶和根也可食用。朱槿还有一定的观赏价值，既可种植于室外，也可栽于花盆中养于室内，可美化环境。

花冠漏斗形，单生于叶腋，淡红色或玫瑰红色居多，花瓣倒卵形，先端圆，外面疏被柔毛

小枝圆柱形，疏被星状柔毛

叶互生，宽卵形或狭卵形，基部近圆形，边缘有不整齐粗齿或缺刻

| 科属：锦葵科、木槿属 | 药用部位：花、根、叶 | 性味：味甘，性平 |
|---|---|---|

# 紫萼

又名紫玉簪、白背三七、玉棠花等。

**药用功效：** 紫萼具有散瘀、排毒、凉血止血的功效，其根加水煎内服可缓解牙龈肿痛、赤目肿痛、喉咙疼痛、崩漏、湿热带下等症状。捣烂外敷于患处，可治烧烫伤、虫蛇咬伤等。此外，它在抗

非特异性炎症方面有一定药用价值，对中老年人呼吸道疾病也有一定疗效。

**生长习性：** 喜温暖湿润气候，耐阴，抗寒性强，土壤选择性差。

**分布区域：** 分布于河北、陕西等地，以及华东、中南、西南等地区。

**药用小知识：** 尤适宜牙痛、赤目红肿、咽喉肿痛、红白崩带、吐血、遗精、疮痈肿毒、烧烫伤、蛇咬伤患者。

**你知道吗？** 紫萼是阴生观叶植物，既可作为盆栽植于室内，又可丛植于花园阴面、林下等处，还是鲜切花的原料，有较高的观赏价值。

花葶直立，花柄青紫色，花被淡青紫色

叶基生，叶面亮绿色，背面稍淡，卵形或菱状卵形

| 科属：天门冬科、玉簪属 | 药用部位：花、茎叶 | 性味：味甘、微苦，性平 |
|---|---|---|

# 紫藤

又名朱藤、招藤、招豆藤、藤萝等。

**药用功效：** 紫藤具有祛风止痛、活血通络、杀虫解毒的功效，将其根水煎内服，可驱除蛲虫；其花可以提炼芳香油，能止吐、解毒；其种子可用来舒缓筋骨疼痛，也可防止酒变质。

**生长习性：** 对气候和土壤的适应性强，较耐寒，能耐水湿及瘠薄土壤，喜光，较耐阴。

**分布区域：** 华北地区多有分布，以河北、河南、山西、山东最为常见。

**药用小知识：** 紫藤的豆荚、种子、茎皮均有毒，入药前必须炮制炒透，以去毒性。用药前，务必咨询医生，且不能随意加减用量。孕妇禁用。

**你知道吗？** 紫藤在中国各地都很常见，其花还可食用，如蒸食或者做成紫藤糕、紫藤粥、炸紫藤鱼等。紫藤观赏性也很强，常被栽植于庭院中用来美化环境。

奇数羽状复叶互生，小叶对生，有长柄

茎缠绕于他物上，左旋，分枝多

花冠紫色，旗瓣圆形，先端略凹陷，花开后反折

| 科属：豆科、紫藤属 | 药用部位：花、根、茎、种子 | 性味：味甘、苦，性温 |
| --- | --- | --- |

# 月季花

又名长春花、月月红、四季花、胜春、斗雪红、月贵红、月贵花等。

**药用功效：** 月季花常简称月季，具有行气调经、消肿止痛、活血散瘀的功效，其花、叶、根可入药。分别取10克月季花、当归、丹参、白芍，加适量红糖，水煎内服，对缓解月经不调、痛经、闭经、经稀色淡、小腹疼痛、精神不振、大便燥结等病症效果良好。现代研究表明，月季花还具有抗菌、抗病毒、抗氧化、抗凝等作用。

**生长习性：** 适应性强，不耐严寒和高温，耐旱，对土壤要求不高，以富含有机质、排水良好的微酸性沙壤土为佳。

**分布区域：** 全国各地广泛栽培。

**药用小知识：** 孕妇禁用。脾胃虚弱者慎用。与鹅肉同食损伤脾胃，与兔肉、柿子同食可导致腹泻，不宜与甲鱼、鲤鱼、豆浆、茶同食。

**你知道吗？** 河南南阳是月季之乡。此外，月季也是北京、常州、邯郸的市花。

花生于茎顶，单生或簇生。有单瓣、复瓣和重瓣之别，花色丰富，花形多样

初生茎紫红色，嫩茎绿色，老茎灰褐色

叶为墨绿色，互生，奇数羽状复叶，小叶宽卵形或卵状长圆形

| 科属：蔷薇科、蔷薇属 | 药用部位：花、叶、根 | 性味：味甘，性温 |
| --- | --- | --- |

# 玫瑰

又名徘徊花、笔头花、湖花、刺玫花等。

**药用功效：**玫瑰具有强肝养胃、活血调经的功效，水煎内服可缓解肝胃气痛、食欲不振、恶心干呕、月经不调等症状。

**生长习性：**喜阳光，耐寒，耐旱，以排水良好、疏松肥沃的壤土为佳，不喜黏土。

**植物形态：**直立、蔓延或攀缘灌木。小枝密被茸毛，多数有腺毛和皮刺。奇数羽状复叶，小叶椭圆形，有边刺。花瓣倒卵形，半重瓣至重瓣，紫红色至白色，气味芳香。种子的外层有果皮，果皮为内、外两层，外层为骨质层，很坚硬；果扁球形，砖红色，肉质。

**分布区域：**全国各地均有栽培。

**药用小知识：**口渴、舌红少苔、阴虚火旺者不宜长期、大量服用。孕妇不宜服用。正在服用硫酸亚铁、富马酸亚铁等药物者，使用本品前务必咨询医生。

花瓣倒卵形，半重瓣至重瓣，芳香，紫红色至白色

**品种鉴别：**玫瑰和月季同为蔷薇科蔷薇属植物，形态十分相似，想要分辨它们，主要看它们的叶子：月季复叶由3~5枚小叶组成，小叶先端较尖，边缘有锯齿，两面无毛，富有光泽；玫瑰的小叶更多，叶尖较钝，边缘锯齿也较钝，叶面无光泽，背面稍有白粉及柔毛。此外，玫瑰花比月季花小，香味更浓，颜色更单一，自然状态下只在夏季开花，这些都可以作为鉴别特征。

**你知道吗？**玫瑰中可以提取玫瑰精油，这种精油价格昂贵，被称为"液体黄金"。

小枝密被茸毛，有直立或弯曲、淡黄色的皮刺

果实扁球形，直径2~2.5厘米，砖红色，肉质

种子的外层有果皮，果皮为内、外两层，外层为骨质层，很坚硬

| 科属：蔷薇科、蔷薇属 | 药用部位：花 | 性味：味甘、微苦，性温 |
| --- | --- | --- |

# 杜鹃

又名映山红、红踯躅、山石榴、照山红等。

**药用功效：** 杜鹃具有消肿止血、祛风湿、调经和血的功效，其根、叶、花均可入药，可缓解咳嗽、痰多、气喘等症状。其根对内伤、风湿等病症也有一定效果。

**生长习性：** 喜凉爽湿润气候，适应半阴半阳的环境。忌烈日，又忌过阴。

**分布区域：** 分布于江苏、安徽、浙江、江西、福建、台湾、湖北、湖南、广东、广西、四川、贵州、云南等地。

**药用小知识：** 杜鹃有一定的毒性，需在医生指导下使用。

**小贴士：** 花在 4~5 月盛开时采收，烘干。叶在春秋季采收，收集叶片完整、颜色甚绿者，除去杂质，阴干备用。根多在冬季收集，切片晒干。

**你知道吗？** 杜鹃是长沙、无锡、大理、镇江等城市的市花。

花冠鲜红或深红色，宽漏斗状

分枝多而纤细，密被亮棕褐色扁平糙伏毛

| 科属：杜鹃花科、杜鹃花属 | 药用部位：花、叶、根 | 性味：味酸、甘，性平 |
| --- | --- | --- |

# 迎春花

又名小黄花、金腰带、黄梅、清明花等。

**药用功效：** 迎春花具有活血、利尿、发汗、解毒、消肿止痛的功效，发热、头痛、痈疖肿毒、外阴瘙痒者可对症使用。取花用水煎服，可治发热头痛。取其根和皮适量，水煎内服，可治小儿高热、热咳、惊风、支气管炎。外用时可捣烂外敷于患处，可治下肢溃疡、外伤出血、跌打损伤。

**生长习性：** 喜光照，稍耐阴，略耐寒，怕涝，喜温暖湿润气候，以疏松肥沃、排水良好的沙壤土为佳。

**分布区域：** 分布于甘肃、陕西、四川、云南、西藏等地。

**药用小知识：** 血虚目疾者慎服。

枝稍扭曲，光滑无毛，小枝四棱形，棱上具狭翼

花单生于小枝叶腋，花冠黄色

叶对生，三出复叶，小枝基部常具单叶

| 科属：木樨科、素馨属 | 药用部位：花、叶 | 性味：味甘、涩，性平 |
| --- | --- | --- |

# 雨久花

又名浮蔷、蓝花菜、蓝鸟花、
水白花等。

**药用功效：** 雨久花具有清热解毒、
止咳平喘、消肿、利尿的功效，
地上全草入药水煎内服可缓解肺
热、痰多、咳嗽、哮喘、胸闷、
高热、小儿丹毒、小便不利、痈
疽肿毒、疮疖肿痛、湿疮、失眠
多梦等症状。

**生长习性：** 性强健，耐寒，多生
于沼泽地、水沟及池塘的边缘。
**分布区域：** 分布于东北、华南、
华东、华中等地区。
**药用小知识：** 脾胃虚寒者慎服。
**你知道吗?** 雨久花可以用做作
观赏花，常和其他水生观赏植
物搭配一起使用，非常素雅。
雨久花可以作为一些家禽
的饲料，其嫩茎叶营养丰
富，可供食用。

总状花序顶生，有时
排成总状圆锥花序

花瓣长椭圆
形，蓝紫色

| 科属：雨久花科、雨久花属 | 药用部位：花、茎叶 | 性味：味甘，性凉 |

# 合欢

又名夜合欢、夜合树、绒花树、
鸟绒树等。

**药用功效：** 合欢具有清心安神、
通经解郁的功效，水煎内服可改
善失眠多梦、心神不宁、胸闷气
结、健忘体虚等症状。有安神静
气的作用，是专治神经衰弱的良
药。现代研究表明，合欢具有抗

抑郁、抗氧化、镇静、催眠的作用。
**生长习性：** 喜温暖湿润环境，以
肥沃疏松的沙壤土为佳。
**分布区域：** 分布于浙江、安徽、
江苏、四川、陕西等地。
**药用小知识：** 阴虚津伤者慎用。
孕妇慎用。备孕期的人谨慎使用。

花序头状，多个，伞房
状排列，腋生或顶生

荚果扁平，长椭圆形

二回羽状复叶互生，镰
状长圆形，两侧极偏斜

| 科属：豆科、合欢属 | 药用部位：花、树皮 | 性味：味甘，性平 |

# 忍冬

又名金银花、二花、密二花、双花、双苞花、鸳鸯藤等。

**药用功效：** 忍冬又名金银花，具有清热解毒、疏散风热的功效，可改善温病发热、痈疮肿毒、胀痛等病症，还可缓解肠炎、菌痢、肺炎、急性乳腺炎、阑尾炎、腮腺炎、化脓性扁桃体炎、麻疹、丹毒、皮肤感染、败血症、流行性脑脊髓膜炎等病的症状。现代研究表明，金银花具有抗病原微生物、抗炎、解热、抗氧化、保护肝脏、降血脂、降血糖等作用。

**生长习性：** 喜阳，耐阴，耐寒，也耐干旱和水湿，对土壤要求不高。

**植物形态：** 多年生半常绿缠绕灌木。茎中空，多分枝，小枝细长中空，幼枝密被短柔毛和腺毛。叶对生，叶柄密被短柔毛，叶片卵形、长圆状卵形或卵状披针形。花冠筒状，冠檐二唇形，花色初为白色，渐变为黄色，气清香，味淡微苦。浆果球形，熟时黑色。

花冠筒状，冠檐二唇形

花色初为白色，渐变为黄色

茎中空，多分枝，幼枝密被短柔毛和腺毛

叶对生，叶片卵形、长圆状卵形或卵状披针形

**分布区域：** 分布于华东、中南和西南地区，以及辽宁、河北、山西、陕西、甘肃等地。

**药用小知识：** 金银花无毒，但性寒，长期服用或者过量服用可能导致胃部不适、食欲不振等，使用时要遵循医嘱。用于清里热、疏风热时，宜用生金银花；用于治疗热毒血痢时，宜将金银花炒炭使用。正在服用青霉素、利福平等药物者，使用本品前务必咨询医生。

**小贴士：** 质量上乘的金银花一般花蕾刚开、肥大，呈黄白色，气味清香。

| 科属：忍冬科、忍冬属 | 药用部位：花 | 性味：味甘，性寒 |
| --- | --- | --- |

# 木樨

又名桂花、九里香、岩桂等。

**药用功效：** 木樨的花即桂花，具有强筋骨、祛风湿、化痰止咳、散寒暖胃的功效。其根及枝叶煎汁敷于患处，可活筋、止痛，改善风湿麻木；其花水煎内服可治牙痛、咳嗽、痰多、经闭、腹痛等，制成茶饮，经常饮用可预防口臭、胃寒、胃疼、荨麻疹、视力下降、十二指肠溃疡等病症。

**生长习性：** 喜温暖环境，抗逆性强，既耐高温，也较耐寒。

**分布区域：** 野生木樨主要分布于四川、云南、广西、广东、湖南、湖北、江西、安徽等地，淮河流域及以南地区广泛栽培。其适生区北抵黄河下游，南至海南。

**药用小知识：** 便秘者及脾胃湿热的人慎用。

聚伞花序腋生，多花密集

花小而有浓香，黄白色

叶对生，椭圆形或长椭圆形，全缘或上半部疏生细锯齿

树皮粗糙，灰褐色或灰白色

| 科属：木樨科、木樨属 | 药用部位：花、果实、根 | 性味：味辛，性温 |
| --- | --- | --- |

# 月桂

又名月桂树、桂冠树、甜月桂、月桂冠等。

**药用功效：** 月桂具有补肾益气、止咳化痰、调经活血、暖胃平肝、止痛散寒的功效，可缓解肾阳虚衰、久泻久痢、心腹冷痛等症状。其根多用于缓解牙痛、腰腿痛、筋骨疼痛；其花水煎内服对改善咳嗽、痰多、腹痛、经闭等症状有益；其果实多用于虚寒胃痛，能散寒暖胃。

**生长习性：** 喜温暖环境，以土层深厚、排水良好、富含腐殖质的偏酸性沙壤土为佳。

**分布区域：** 原产于地中海，我国浙江、江苏、福建、台湾、四川及云南等地均有栽培。

**药用小知识：** 不适合孕妇或者哺乳期女性使用。

**你知道吗？** 月桂可以作为观赏植物，栽种在庭院中、建筑前，或者用于空间分隔。月桂叶香气扑鼻，是一种调味品，可以去腥。

伞形花序腋生，花小，黄绿色，被疏柔毛，花被筒短，外面密被疏柔毛

小枝圆柱形，具纵向细条纹，幼嫩部分略被微柔毛或近似无毛

叶互生，长圆形或长圆状披针形，革质，上面暗绿色，下面色稍淡

果卵圆形，未成熟时青绿色，熟时暗紫色

| 科属：樟科、月桂属 | 药用部位：花、叶、果实、根 | 性味：味辛，性温 |
| --- | --- | --- |

# 梅

又名冬梅、春梅、寒梅、千枝梅等。

**药用功效：** 梅花具有润肺化痰、健胃、解郁的功效，可用于治疗郁闷心烦、肝胃气痛、梅核气等病症。梅根研末可治黄疸。梅子可驱虫、止痢，缓解发热、咳嗽的症状，炮制后的乌梅肉能杀虫、生津、敛肺、涩肠。

**生长习性：** 喜温暖湿润气候，在光照充足、通风良好的条件下能较好地生长。

**分布区域：** 主要分布于四川、湖北、广西等地。

**药用小知识：** 脾湿胃寒者忌服。

**文化典故：** 梅象征百折不挠的品格，古人对梅十分喜爱，为其写了很多诗句。如宋代王安石的《梅花》："墙角数枝梅，凌寒独自开。遥知不是雪，为有暗香来。"

**你知道吗？** 梅花特别适合放于花瓶内观赏，或者盆栽观赏，也被种植在庭院、草坪等处。

树皮浅灰色或带绿色，平滑

花瓣倒卵形，白色至粉红色

| 科属：蔷薇科、李属 | 药用部位：花、根、果实 | 性味：味微酸，性平 |
| --- | --- | --- |

# 春兰

又名兰花、兰草等。

**药用功效：** 春兰具有润肺止咳、和中、明目的功效。其花可改善劳伤、咳嗽；其根捣烂外敷可用于外伤、疮疡；其叶水煎内服可治百日咳；其果实能治呕、吐。夏季时，可取晾干的兰花，加蜂蜜、核桃以及少量花椒，用开水冲饮，能润肺止咳、祛暑除燥。

**生长习性：** 喜半阴半阳、湿润、透风的环境，生于背阴、通风、不积水的山地。

**分布区域：** 分布于山东、江苏、浙江、江西、湖北、湖南、云南、四川、贵州、广西、广东、陕西等地。

**药用小知识：** 尤适宜肺痈、支气管炎、咳嗽、咯血、尿血、白带异常、尿路感染、疮毒疔肿患者。

**文化典故：** 我国培育春兰已经有2 000多年的历史了，在传统文化中，春兰象征着高洁、淡泊、贤德，它与梅、竹、菊合称"四君子"。

花色多样，花冠奇特，两侧对称，唇瓣色深

叶自茎部簇生，线状披针形，稍具革质

茎直立，绿色或红紫色，分枝少或仅在茎顶有伞房花序分枝

| 科属：兰科、兰属 | 药用部位：花、根、叶、果实 | 性味：味辛，性平 |
| --- | --- | --- |

# 茉莉花

又名木梨花、末利、末莉、没丽等

**药用功效:** 茉莉花具有清心安神、解郁散结的功效,水煎内服可缓解痢疾、胸腹胀痛、疮疡肿毒等症状。取适量茉莉花煎水,熏洗眼睛,能去火明目,可治目赤肿痛、迎风流泪。将其根捣碎,用酒炒后包于患处,能续经接骨,或外敷治皮肤溃烂。

**生长习性:** 喜温暖湿润,在通风良好、半阴的环境中生长最好。

**植物形态:** 直立或攀缘灌木。枝条细长,小枝有棱角,有时有毛,藤本状。单叶对生,光亮,宽卵形或椭圆形,叶脉明显,叶面微皱,叶柄短而向上弯曲,有短柔毛。聚伞花序,顶生或腋生,有花 3~12 朵,花冠白色,气味极芳香。

**分布区域:** 分布于江南地区以及西部地区。

**药用小知识:** 火热内盛、大便燥结者慎服。

**你知道吗?** 茉莉花颜色洁白,花香扑鼻,可作为观赏花卉,来点缀花园、庭院等非常适合。从茉莉花中可以提取茉莉精油制造香精,茉莉花还可以被制成熏茶香料。

单叶对生,宽卵形或椭圆形

聚伞花序,顶生或腋生,花冠白色,气味极芳香

**古籍名医录:**《食物本草》:"主温脾胃,利胸膈。"《本草再新》:"能清虚火,去寒积,治疮毒,消疽瘤。"《随息居饮食谱》:"和中下气,辟秽浊。治下痢腹痛。"

叶脉明显,叶面微皱

枝条细长,小枝有棱角,有时有毛,藤本状

| 科属:木樨科、素馨属 | 药用部位:花、叶、根 | 性味:味辛、甘,性凉 |
|---|---|---|

# 虞美人

又名丽春花、赛牡丹、满园春、仙女蒿等。

**药用功效：** 虞美人具有清热解毒、止痢、止泻、止咳化痰、止痛的功效，肠炎、痢疾、咳嗽、痰多、黄疸患者可对症使用。取其花1~3克，水煎服，每天2次，可治痢疾；取其果实5克，水煎服，可缓解久咳、腹痛；取全草15克，加30克铁苋菜，水煎服，每天2次，可治泄泻。

**生长习性：** 耐寒，怕暑热，喜阳光充足的环境，以排水良好、肥沃的沙壤土为佳。不耐移栽，能自播。

**分布区域：** 全国各地均有栽培。

**药用小知识：** 虞美人全株都含有有毒生物碱，务必在医生指导下使用。

花多橘红色或紫红色，花药深紫褐色

花单生于茎和分枝顶端，圆形、横向宽椭圆形或宽倒卵形

花柄长10~15厘米

叶互生，披针形或狭卵形，羽状分裂，下部全裂

| 科属：罂粟科、罂粟属 | 药用部位：花、果实、全草 | 性味：味苦、涩，性微寒 |
| --- | --- | --- |

# 玉兰

又名木兰、白玉兰、玉兰花、玉树、迎春花、望春、应春花、玉堂春等。

**药用功效：** 玉兰以花入药，具有通鼻、祛风散寒的功效，能缓解头痛发热、咳嗽不止、血瘀痛经、鼻塞等症状，并且对常见的致病真菌有抑制作用。每天清晨取玉兰花苞一朵，水煎后空腹内服，可改善痛经等症。

**生长习性：** 喜光照，较耐寒，可露地越冬，喜干燥，忌低湿。

**分布区域：** 分布于江西、浙江、湖南、贵州等地。

**药用小知识：** 一般人群皆可食用，尤适宜肺热咳嗽、头痛、血瘀痛经、鼻塞、急慢性鼻窦炎、过敏性鼻炎患者。与鲫鱼同食，可养脾益气。

**你知道吗？** 玉兰是连云港、东莞、保定等地的市花，还是西北大学、中国人民大学、中国政法大学等学校的校花。

花先叶开放，直立，钟状，花香似兰，花白色，基部常带粉红色

叶互生，大型叶为倒卵形，先端短而凸尖，基部楔形

小枝稍粗壮，灰褐色或深褐色

| 科属：木兰科、玉兰属 | 药用部位：花 | 性味：味辛，性温 |
| --- | --- | --- |

# 白兰

又名白缅花、缅桂花、白木兰等。

花呈辐射对称，花被片10片，披针形

**药用功效：** 白兰花具有止咳、化浊、利尿的功效，水煎内服可缓解白浊、白带异常等症状。白兰花及叶富含活性成分，可改善肌肤暗黄、肤色不均等皮肤问题，是护肤品的常用原材料。白兰根皮入药，可缓解便秘症状。

**生长习性：** 喜光照，稍耐阴，略耐寒，耐旱，不耐涝，喜温暖湿润气候，以疏松肥沃、排水良好的沙壤土为佳。

**分布区域：** 分布于福建、广东、广西、云南、四川、江苏、浙江、安徽、江西等地。

**药用小知识：** 尤适宜慢性支气管炎、前列腺炎、白浊、白带异常患者。女子面色暗黄、无光泽者可多食。

**你知道吗?** 白兰花是厄瓜多尔的国花，也是我国福建省晋江市的市花。

花瓣色白，生于叶腋之间，较肥厚，长披针形，有浓香

叶片长圆，单叶互生，青绿色，革质，有光泽

幼枝常绿

| 科属：木兰科、含笑属 | 药用部位：花、叶、根 | 性味：味苦、辛，性温 |
|---|---|---|

# 槐

又名国槐、蝴蝶槐等。

**药用功效：** 槐花具有止血、消肿止痛、清肝泻火的功效，水煎内服可缓解便血、痔血、吐血、血痢、血淋、失音、目赤肿痛、痈疽疮疡等症状。槐花中含有的芦丁可改善毛细血管功能，增强人体抵抗力。现代研究表明，槐花还具有降血糖、降血脂、抗氧化等作用。

**生长习性：** 喜光照，喜干冷气候，以肥沃、排水良好的土壤为佳。

**分布区域：** 分布于东北、西北、华北及华东等地区。

**物种小知识：** 槐主要分国槐和洋槐（刺槐）两种。常作为食物食用的槐花为洋槐；而国槐开的花主要作药用。洋槐的花期一般在4~5月；国槐的花期一般在7~8月。

奇数羽状复叶，小叶长圆形或椭圆形

花皱缩而卷曲，花瓣多散落，完整者花萼钟状，黄绿色

| 科属：豆科、槐属 | 药用部位：花 | 性味：味苦，性微寒 |
|---|---|---|

# 丁香蒲桃

又名丁子香、鸡舌香等。

**药用功效：** 丁香蒲桃的干燥花蕾为中药丁香，具有止痢、开胃、散寒、止痛、温中、降逆的功效，呕吐、痢疾、反胃、心腹冷痛、疝气、疥癣患者可对症使用。丁香与肉桂、干姜等配伍，可治心腹冷痛；还可搭配肉桂、附子、鹿角胶等，治肾衰阳痿、遗精。现代研究表明，丁香具有镇痛、利胆、抗血栓等作用。

**生长习性：** 原产于热带，喜热带海洋性气候。生于高温、潮湿、静风、温差小的热带雨林气候环境中。幼树喜阴，不耐烈日曝晒；成龄树喜阳光，阳光充足才能早开花、多开花。

**植物形态：** 丁香蒲桃为常绿乔木。树皮灰白而光滑。单叶大，叶对生，叶片革质，卵状长椭圆形，密布油腺点。伞形花序或圆锥花序；花为红色或粉红色；花蕾初起白色，后转为绿色，其后又转为红色；花萼呈筒状，萼托长，顶端 4 裂。浆果卵圆形，红色或深紫色，内有种子 1 枚，呈椭圆形。花期 1~2 月，果期 6~7 月。

**分布区域：** 原产于印度尼西亚，现已被引种到世界各地的热带地区。

花萼呈筒状，萼托长；叶片革质，卵状长椭圆形

叶对生，多数全缘，叶片革质或厚纸质

**药用小知识：** 不宜与郁金同用。热病及阴虚内热者忌服。

**小贴士：** 质量上乘的丁香大且粗壮、香味浓郁、颜色呈现紫棕色。

呈研棒状，棕褐色或褐黄色

| 科属：桃金娘科、蒲桃属 | 药用部位：花、根、树皮 | 性味：味辛，性温 |
| --- | --- | --- |

# 鸡冠花

又名鸡髻花、老来红、芦花鸡
冠、笔鸡冠、小头鸡冠等。

**药用功效**：鸡冠花具有清热凉血、
止血、止泻、收敛、涩肠的功效，
可缓解赤白痢疾、吐血、血淋、
白带过多、功能性子宫出血、遗
精、乳糜尿等症状。取白鸡冠花
适量，酒煎服，可减轻产后滞血
疼痛之症。现代研究表明，鸡冠

花具有抗疲劳、抗氧化、延缓衰
老、保护肝脏、增强免疫力、降
血脂等作用。

**生长习性**：喜温暖干燥气候，怕
干旱，喜阳光，不耐涝，对土壤
要求不高，一般庭院的土壤都能
种植。

**分布区域**：全国各地均有分布。

**药用小知识**：正在服用维生素 C
等药物者，使用本品前务必咨询
医生。

肉穗状花序
顶生，呈扁
形、肾形、
扁球形等

花色丰富，有
紫、橙黄、白、
红黄相杂等色

叶互生，有柄，长
卵形或卵状披针形

茎直立，粗壮，
红色或青白色

| 科属：苋科、青葙属 | 药用部位：花 | 性味：味甘、涩，性凉 |
|---|---|---|

# 山茶

又名曼陀罗、薮春、山椿、耐冬、
洋茶等。

**药用功效**：山茶以花入药，具有
止血、凉血、清热的功效。水煎
内服可缓解吐血、便血、血崩的
症状；还可以捣烂外敷于患处，
主治烧烫伤、外伤出血。取山茶
花阴干为末，加白糖拌匀，蒸熟

服用，每天 3~4 次，可治痢疾。
将山茶花焙研为末，用麻油调搽
患处，能治乳头疼痛。还可将山
茶花研末冲服代茶饮，能缓解痔
疮出血症状。

**生长习性**：喜半阴，忌烈日，喜
温暖气候，略耐寒，生长适温为
18~25℃。

**分布区域**：分布于浙江、江西、
四川、山东等地。

**药用小知识**：体质虚寒者及经期
女性不宜服用。

花单生，成对生于
叶腋或枝顶，无柄

枝条黄褐色，小枝呈绿
色、绿紫色至紫褐色

花瓣倒卵圆形，有淡红、
深红、黄、白等颜色

叶卵形或椭圆形，
边缘有细锯齿，革
质，表面亮绿色

| 科属：山茶科、山茶属 | 药用部位：花 | 性味：味辛、苦，性寒 |
|---|---|---|

# 薰衣草

又名灵香草、香草、黄香草等。

**药用功效：** 薰衣草具有清热解毒、散风止痒、解痉镇痛、镇静催眠、抗菌消炎的功效。可用于治疗烧伤、创伤以及蚊虫叮咬。对于湿疹等皮肤疾病也有良好的疗效。还可缓解肌肉痉挛、急性腹痛。薰衣草捣烂外敷，可治烧烫灼晒伤，还可抑制细菌、减少疤痕。

现代研究表明，薰衣草有抗菌、降脂、镇静催眠等作用。

**生长习性：** 喜阳光，耐热，耐旱，极耐寒，耐瘠薄，抗盐碱，栽培的场所需日照充足、通风良好。

**分布区域：** 主要分布于新疆的天山北麓。

**药用小知识：** 妇女怀孕初期应避免使用。低血压者慎用。

分枝被星状茸毛，在幼嫩部分较密，老枝灰褐色或暗褐色，皮层作条状剥落

轮伞花序在枝顶聚集成间断或近连续的穗状花序，花冠有蓝色、深紫色、粉红色、白色等

叶线形或披针状线形，被密的或疏的灰色星状茸毛

| 科属：唇形科、薰衣草属 | 药用部位：花 | 性味：味辛，性凉 |
|---|---|---|

# 天竺葵

又名洋绣球、入腊红、石蜡红、日烂红、洋葵、驱蚊草等。

**药用功效：** 天竺葵具有镇痛止血、抗菌杀毒、排毒利尿、祛风除湿、祛湿止痒的功效，可用于风湿骨痛、疝气疼痛、湿疹、疥癣等症。

**生长习性：** 喜温暖、湿润和阳光充足的环境，耐寒性差，怕水湿和高温，以肥沃疏松、排水良好的沙壤土为佳。

**分布区域：** 全国各地均有栽培。

**药用小知识：** 一般人群皆可食用，尤适宜面部暗黄，有疤痕、妊娠纹，湿疹，灼伤，带状疱疹患者。天竺葵性凉，孕妇慎服。

**你知道吗？** 天竺葵可用于制作驱虫剂，也能摆放在花坛、室内等作观赏用。

伞形花序腋生，具多花，总花柄长于叶，花瓣红色、橙红、紫红、粉红或白色，宽倒卵形

叶互生，边缘波状浅裂，叶片圆形或肾形，基部心形，表面叶缘以内有暗红色马蹄形环纹

茎直立，基部木质化

| 科属：牻牛儿苗科、天竺葵属 | 药用部位：花 | 性味：味涩、苦，性凉 |
|---|---|---|

# 香雪兰

又名小苍兰、小菖兰、洋晚香玉、麦兰等。

**生长习性:** 喜温暖湿润环境，要求阳光充足，但不能在强光、高温下生长。适宜生长温度为15~25℃，以疏松、肥沃的沙壤土为佳。

**分布区域:** 南方多露天栽培，北方多盆栽。

**药用小知识:** 一般人群皆可食用，尤适宜失眠多梦、心神不宁、崩漏、痢疾、外伤出血、吐血、便血患者。

**你知道吗?** 香雪兰可用来制作身体乳、沐浴露等。香雪兰颜色丰富，香气浓郁，也多被用于观赏种植。

花直立，有香味，花被管喇叭形，外轮花被裂片卵圆形或椭圆形，花色有鲜黄、白、橙红、粉红、雪青、紫、大红等

花茎直立，上部有2~3个弯曲的分枝，下部有数枚叶

**药用功效:** 香雪兰具有清热凉血、止痢、止血的功效。水煎内服可缓解吐血、便血、崩漏、痢疾、神情恍惚、失眠多梦等症状；还可以取鲜品捣烂外敷于患处，改善疮肿、毒蛇咬伤、外伤出血的症状。

| 科属: 鸢尾科、香雪兰属 | 药用部位: 花 | 性味: 味苦, 性凉 |
|---|---|---|

# 雏菊

又名马头兰花、延命菊、春菊等。

**生长习性:** 喜冷凉气候，不耐炎热。喜光，又耐半阴，对栽培地的土壤要求不高。

头状花序单生，直径2.5~3.5厘米，花片大多呈白色，全缘或先端有2~3齿

**分布区域:** 原产于欧洲的地中海地区，我国各地均有引种栽培。

**药用小知识:** 一般人群皆可食用，尤适宜风热感冒、肝火旺盛、视力疲劳者。

**你知道吗?** 雏菊原产地在欧洲，能生存在非常寒冷的地区，其生机勃勃的样子深得意大利人喜爱，因此被推举为意大利国花。

叶匙形，上半部边缘有疏钝齿或波状齿

**药用功效:** 雏菊具有疏风解表、清肝明目、抗过敏、消肿等功效。雏菊含有氨基酸、挥发油和多种微量元素，药用价值非常高。取雏菊的花朵，与茶同泡饮之，对身体有益。

| 科属: 菊科、雏菊属 | 药用部位: 花 | 性味: 味甘、苦, 性微寒 |
|---|---|---|

# 金盏花

又名金盏菊、黄金盏、长生菊、醒酒花、常春花、金盏等。

**药用功效：** 金盏花具有清热解毒、活血调经的功效，其叶、花对葡萄球菌、链球菌有抑制作用，可改善痤疮情况，修复疤痕，改善肌肤状况。取 10 朵金盏花鲜花，加少许冰糖，水煎服，可缓解肠风便血。

**生长习性：** 喜阳光充足的环境，适应性较强，但怕炎热。以疏松、肥沃的微酸性土壤为佳。能自播，生长快，较耐寒。

**分布区域：** 全国各地均有栽培。

**药用小知识：** 尤适宜面部有痤疮、青春痘、疤痕，疝气，肠风便血患者。金盏花性寒，孕妇忌服。

头状花序单生茎顶，形大，舌状花一轮或多轮平展

舌状花金黄或橘黄色，筒状花黄色或褐色

单叶互生，椭圆形或椭圆状倒卵形，全缘，基生叶有柄，上部叶基抱茎

株高 30~60 厘米，为二年生草本植物，全株被白色茸毛

| 科属：菊科、金盏花属 | 药用部位：花 | 性味：味苦，性寒 |
| --- | --- | --- |

# 番红花

又名西红花、藏红花等。

**药用功效：** 番红花具有安神解郁、调经活血、消肿散瘀、凉血镇痛的功效，烦闷郁结、惊悸恍惚、经闭、月经不调、产后瘀血、吐血、伤寒发狂、麻疹、跌打损伤患者可对症使用。番红花还被用于缓解慢性病毒性肝炎、高脂血症及冠心病的症状。取 2 克番红花，加 15 克丹参、30 克益母草、12 克香附，水煎服，对治痛经、闭经、产后腹痛颇为有效。现代研究表明，番红花还具有抗凝、抗炎、抗缺氧、镇痛、降血脂、保护肝脏、保护心脏、保护视神经细胞等作用。

**生长习性：** 喜冷凉湿润和半阴的环境，较耐寒，以排水良好、腐殖质丰富的沙壤土为佳。

**分布区域：** 原产于西班牙、法国、意大利以及伊朗等地区，我国的北京、上海、浙江、江苏等地有引种栽培。

**药用小知识：** 月经过多者及孕妇禁服。

花淡蓝色、红紫色或白色，有香味，花被裂片 6，2 轮排列

花药黄色，顶端尖，略弯曲

花柱橙红色，上部 3 分枝，分枝弯曲而下垂

球茎扁圆球形，直径约 3 厘米，外有黄褐色的膜质包被

| 科属：鸢尾科、番红花属 | 药用部位：花 | 性味：味苦，性平 |
| --- | --- | --- |

# 秋英

又名波斯菊、秋樱、八瓣梅、扫帚梅等。

**生长习性：**喜温暖，不耐寒，忌酷热，喜光，耐干旱瘠薄，以排水良好的沙壤土为佳。

头状花序单生，花瓣紫红色、粉色或白色，倒卵形

**分布区域：**原产于墨西哥，我国各地均有引种栽培。

**药用小知识：**脾胃虚寒者忌服。

**小贴士：**秋英具有一定的观赏价值，可用于花园、道路旁、小区草坪边缘等处的绿化栽植。

茎无毛或稍被柔毛

叶二回羽状深裂，裂片线形或丝状线形

**药用功效：**秋英具有清热、解毒、化湿的功效。取其鲜花加适量红糖捣烂外敷，对缓解痈疮肿毒十分有效；还可以取 5~10 克全草水煎内服，可有效改善急慢性痢疾、目赤肿痛等病症。

| 科属：菊科、秋英属 | 药用部位：花、全草 | 性味：味甘，性凉 |
|---|---|---|

# 红花羊蹄甲

又名红花紫荆等。

支气管炎的治疗。取 25 克红花羊蹄甲，加等量的水和酒煎服，可改善产后诸淋。

**生长习性：**喜阳光，喜暖热湿润气候，不耐寒，以肥沃的酸性土壤为佳。

**分布区域：**主要分布于华南地区。

叶革质，近圆形或阔心形，基部心形，有时近截平

总状花序顶生或腋生，花瓣红紫色，具短柄，倒披针形

**药用小知识：**尤适宜咳嗽、便秘、消化不良患者。孕妇慎服。

**你知道吗？**红花羊蹄甲具有很好的观赏价值，常被用于园林绿化，适宜栽植于庭院、草坪、花园及建筑物前等处。

分枝多，小枝细长，被毛

**药用功效：**红花羊蹄甲具有止血、健脾养胃、润肺止咳、利湿的功效，对消化不良有一定的缓解作用。其树皮能健脾燥湿，可辅助治疗急性胃炎；其叶水煎内服，可治咳嗽、便秘；其花是消炎杀菌的良药，多用于肺炎、肝炎、

| 科属：豆科、羊蹄甲属 | 药用部位：花、树皮、叶 | 性味：味淡，性凉 |
|---|---|---|

# 旋覆花

又名金佛花、金佛草、六月菊、旋复花、猫耳朵花等。

**药用功效：** 旋覆花具有行水降气、止咳化痰、驱散风寒、止呕解闷的功效，风寒咳嗽、痰多、胸闷、喘咳不止、呕吐、心下痞硬者可对症使用。取 200 克旋覆花洗净，捣成汁，用酒送服，可辅助治疗小便不利、痰多、咳嗽不止。现代研究表明，旋覆花还可以保护血管内皮、促进胃肠蠕动、保护肝脏、抗炎。

**生长习性：** 喜温暖湿润的气候，在肥沃的沙壤土或腐殖土中生长良好，喜阳光，耐干旱，耐寒。

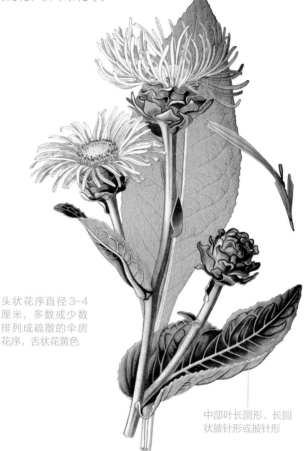

头状花序直径 3~4 厘米，多数或少数排列成疏散的伞房花序，舌状花黄色

中部叶长圆形、长圆状披针形或披针形

茎单生，有时 2~3 个簇生

**植物形态：** 旋覆花为多年生直立草本植物。根状茎短，横走或斜升，密生粗壮的须根。头状花序排列成疏散的伞房花序；花序梗细长；总苞半球形，黄绿色；总苞片约 6 层，线状披针形；舌状花黄色，舌片线形。

**分布区域：** 广泛分布于我国北部、东部、中部及东北地区。

**药用小知识：** 阴虚劳嗽、津伤燥咳者忌用。旋覆花在煎煮时，应包布入煎或者除去茸毛。

**你知道吗？** 旋覆花的花是黄色，花蕊也是黄色的，具有一定的观赏价值，常被用来做盆栽，因此常见于花坛等处。

| 科属：菊科、旋覆花属 | 药用部位：花 | 性味：味苦、辛、咸，性微温 |
| --- | --- | --- |

# 郁金香

又名洋荷花、草麝香、郁香等。

**药用功效：** 郁金香具有解毒、化湿、除浊、镇痛的功效，可缓解口臭苔腻、腹痛、脾胃湿浊、心腹恶气等症状。

**生长习性：** 喜向阳、避风的环境，耐寒性很强，以腐殖质丰富、疏松肥沃、排水良好的微酸性沙壤土为佳。

**植物形态：** 多年生草本植物，具鳞茎。叶为长椭圆状披针形或卵状披针形，长 10~21 厘米，宽 1~6.5 厘米。花单朵顶生，大型而艳丽，形状多样，有杯形、碗形、卵形、球形、钟形、漏斗形、百合花形等，有单瓣也有重瓣；花色有白、粉红、洋红、紫、褐、黄、橙等，深浅不一，单色或复色；雄蕊 6 枚等长，花丝无毛，无花柱，柱头增大呈鸡冠状。

**分布区域：** 分布于西北、华中、华东地区，多见于新疆的荒地、丘陵上。

花单朵顶生，大型而艳丽

叶长椭圆状披针形或卵状披针形

**药用小知识：** 郁金香含有有毒的生物碱，使用前务必咨询医生。

**小贴士：** 郁金香是著名的观赏植物，但其花朵有毒，和它同处于较封闭环境中会感觉头晕，严重者可导致中毒，过多接触易使人毛发脱落，因此不宜种植于室内。

花形有杯形、碗形、卵形、球形、钟形、漏斗形、百合花形等

花色有白、粉红、洋红、紫、褐、黄、橙等，深浅不一

| 科属：百合科、郁金香属 | 药用部位：花 | 性味：味苦、辛，性平 |
| --- | --- | --- |

第四章

# 果实及种子类

果实是被子植物的花经传粉、受精后，由雌蕊的子房或花的其他部分参与而发育形成的具有果皮及种子的繁殖器官。种子是裸子植物和被子植物的胚珠经过传粉、受精而发育形成的繁殖体。常用的果实及种子类药用植物有酸浆、决明、五味子等。

# 玉蜀黍

又名玉米、包谷、苞米、棒子等。

**药用功效：**玉蜀黍俗称玉米，具有利尿通便、开胃、利胆、软化血管、延缓衰老的功效。小便不利、老年人习惯性便秘、慢性胆囊炎、动脉硬化、高血压、高脂血症患者可对症使用。

**生长习性：**喜温暖环境，种子发芽的最适温度为 25~30℃，耗水量大。

**形态特征：**一年生高大草本。秆直立，通常不分枝。叶鞘具横脉；叶舌膜质；叶片长条形，扁平宽大。顶生雄性圆锥花序大型，雄性小穗孪生。颖果球形或扁球形。

**分布区域：**全国各地广泛栽培。

**你知道吗？**玉米原产地在中南美洲，后传播于世界各地，我国培育玉米的历史已经有 470 多年了。

粒色多为黄色，间或有红、紫等色

叶边缘波状，于茎的两侧互生

果实外包变态叶，表面暗绿色，背面淡绿色，两面带纤毛，中脉较宽，白色

| 科属：禾本科、玉蜀黍属 | 药用部位：种子 | 性味：味甘，性平 |
| --- | --- | --- |

# 榆树

又名家榆、白榆等。

**药用功效：**榆钱是榆树的翅果，又名榆实、榆子、榆仁。榆钱具有清湿热、补肺、止渴、清心安神、健胃利水、消肿杀虫的功效。水煎内服可缓解失眠、怠倦乏力、小便不利、大便溏泄、脘腹胀满、小儿疳积、水肿等症状；捣烂外敷，还可治疗烧烫伤、疮癣等。

**生长习性：**适应性强，抗风能力强，能耐干冷气候及中度盐碱。不耐水湿，但能耐雨季水涝。在土壤深厚、肥沃、排水良好的冲积土及黄土高原生长良好。

**分布区域：**分布于东北、华北、西北及西南各地区。

**药用小知识：**胃溃疡、十二指肠溃疡患者慎服。

**你知道吗？**榆钱药食两用，可以生吃凉拌，还可以煮粥、蒸食或者剁碎做馅等，味道清新爽口。

翅果近圆形，稀倒卵状圆形，除顶端缺口柱头面被毛外，余处无毛，果核成熟前后其色与果翅相同，初淡绿色，后白黄色

小枝无毛或有毛，淡黄灰色、淡褐灰色、灰色、淡褐黄色或黄色

单叶互生，卵状椭圆形至椭圆状披针形，缘多重锯齿

| 科属：榆科、榆属 | 药用部位：果实、种子、花、叶、树皮 | 性味：味甘、微辛，性平 |
| --- | --- | --- |

# 咖啡黄葵

又名秋葵、黄秋葵、羊角豆、毛茄、洋辣椒、补肾菜等。

**药用功效：** 咖啡黄葵俗称秋葵，具有利咽、通淋、下乳、调经的功效。果实水煎内服可缓解胃炎、胃溃疡等症状，保护肝脏，增强人体耐力。根、花、种子能治恶疮、痈疖。

**生长习性：** 喜温暖，怕严寒，耐热，以土层深厚、疏松肥沃、排水良好的沙壤土为佳。

**分布区域：** 全国各地均有栽培。

**你知道吗？** 秋葵黏液可以增强低脂食品的稳定性，特别是冷冻奶制甜品，它也是脂肪替代品，因此在食品工业中应用较多。秋葵除了生吃外，还可以炒食、油炸、凉拌、做沙拉等。

叶柄细长，中空

叶互生，掌状 3~7 裂，叶身有茸毛或刚毛

花大而黄，内面基部暗紫色，花瓣倒卵形，长 4~5 厘米

果实为蒴果，先端细尖，略有弯曲，嫩果为绿色和紫红色

| 科属：锦葵科、秋葵属 | 药用部位：果实、种子、根、花 | 性味：味淡，性寒 |
| --- | --- | --- |

# 肉豆蔻

又名肉果、玉果、迦拘勒、顶头肉等。

**药用功效：** 肉豆蔻具有行气、消食、温中、止泻、涩肠的功效，可改善虚寒泄泻、冷痢、消化不良、食少呕吐、脘腹胀痛等病症。肉豆蔻本身含肉豆蔻醚，有致幻作用，且其所含芳香油具有麻醉作用，故用量不宜过大，否则会引起中毒，使人出现神昏、惊厥、瞳孔散大等症状。

**生长习性：** 喜热带和亚热带气候，抗寒性弱，以土层深厚、疏松肥沃、排水良好的土壤为佳。

**分布区域：** 广东、广西、云南等地有栽培。

**药用小知识：** 大肠素有火热、中暑热泄暴注、肠风下血、胃火齿痛、湿热积滞方盛、滞下初起者均不宜服用肉豆蔻。湿热泻痢、胃脘疼痛、阴虚火旺者禁用。孕妇禁用。肉豆蔻有一定毒性，使用时应谨遵医嘱。

**你知道吗？** 肉豆蔻可以作为调味品食用，还可用来提炼工业用油。

叶近革质，椭圆形或椭圆状披针形，两面无毛

小乔木，幼枝细长

果实通常单生，长卵球形或卵球形

| 科属：肉豆蔻科、肉豆蔻属 | 药用部位：种仁 | 性味：味辛，性温 |
| --- | --- | --- |

# 欧菱

又名菱、腰菱、水栗、水菱、风菱、乌菱等。

**药用功效：** 欧菱的果实为菱角，具有健脾益气、消渴、解酒的功效，脾虚体弱、乳汁不下、小便不利、酒精中毒患者可对症使用。菱角还能在一定程度上改善小儿头疮、黄水疮等皮肤病。取菱角、诃子、薏苡仁、紫藤瘤各 10 克，

水煎服，一天 2 次，对食管癌、胃癌患者有一定的补益作用。

**生长习性：** 一般生于温带气候区的湖泊和湿泥地中，气温不宜过低。

**分布区域：** 分布于长江中上游、陕西南部，及安徽、江苏、湖北、湖南、江西、浙江、福建、广东、台湾等地。

**药用小知识：** 鲜菱角生食过量易损伤脾胃，宜煮熟吃。

**小贴士：** 刚采摘的鲜菱角因为有感染寄生虫的风险，不宜立即食用。食用菱角，要充分清洗，用开水烫泡几分钟或用水彻底煮熟，或在阳光下暴晒一天。

果有水平开展的 2 尖角，无或有倒刺

果表幼皮紫红色，老熟时紫黑色

| 科属：千屈菜科、菱属 | 药用部位：果实 | 性味：味甘，性凉 |

# 龙眼

又名桂圆、荔枝奴、亚荔枝、燕卵等。

**药用功效：** 龙眼具有益气补血、健脾养胃的功效，可缓解头晕、失眠、心悸、思虑伤脾等病症，还可改善病后或产后体虚、脾虚所致失血等。每天取 30 克龙眼肉嚼食，可缓解心悸怔忡的症状。

**生长习性：** 喜高温多湿气候，耐旱、耐酸、耐贫瘠，忌涝，在红壤丘陵地、旱平地生长良好。

**分布区域：** 分布于广东、广西、福建、台湾等地。

**药用小知识：** 尤适宜神经衰弱、健忘、记忆力减退、年老气血不足、产后体虚乏力、营养不良引起的贫血者食用。

果实近球形，通常为黄褐色，有时为灰黄色，外面稍粗糙，或少有微凸的小瘤体

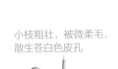

种子茶褐色，光亮，全部被肉质的假种皮包裹

小枝粗壮，被微柔毛，散生苍白色皮孔

叶薄革质，长圆状椭圆形至长圆状披针形，两侧常不对称

| 科属：无患子科、龙眼属 | 药用部位：果实 | 性味：味甘，性温 |

# 枣

又名大枣、红枣、蒲枣、刺枣等。

**药用功效：** 枣的成熟果实可入药。枣具有补血气、散郁结、健脾胃、抗过敏的功效，还可益气生津，调营卫，解药毒。可治胃虚食少、脾弱便溏、气血不足、营卫不和、心悸怔忡等症。贫血、高血压病、急慢性肝炎、肝硬化、过敏性紫癜患者可对症使用。

**生长习性：** 较耐旱，需水量不大，适合生长在贫瘠的土壤中。

**植物形态：** 落叶小乔木。根系粗壮、发达，深入地底。树皮褐色或灰褐色。茎直立。叶纸质，卵形、卵状椭圆形或卵状矩圆形；叶缘具圆齿，上面深绿色，无毛，下面浅绿色，无毛或仅沿叶脉被疏微毛。腋生聚伞花序，两性；萼片卵状三角形；花瓣倒卵圆形，黄绿色。核果近球形或长圆形，初生时绿色，成熟时红色或淡褐色，果梗长 2~5 毫米，中果皮肥厚肉质，味甜。种子椭圆形，两端尖锐，质地坚硬。

**分布区域：** 主产于山西、陕西、河北、山东、河南、甘肃等六大传统产枣大省及新疆新兴枣产区。

叶纸质，卵形、卵状椭圆形或卵状矩圆形

叶缘具圆齿，上面深绿色，无毛，下面浅绿色，无毛或仅沿叶脉被疏微毛

**药用小知识：** 有湿痰、积滞，患齿病、虫病者，不宜服用。

**小贴士：** 习惯喝茶的人，睡前如果喝茶容易睡不着，此时可以喝红枣汤助眠。枣皮的纤维含量高，不易消化，吃时一定要充分咀嚼，肠胃不好的人不宜多吃。用于贮藏的红枣要干湿适度，无破损、病虫，色泽红润。

果梗长 2~5 毫米

中果皮肉质肥厚，味甜

| 科属：鼠李科、枣属 | 药用部位：果实 | 性味：味甘，性温 |
| --- | --- | --- |

# 芡

又名芡实、鸡头莲、鸡头苞、鸡头米、刺莲藕、肇实等。

种仁球形，直径约1厘米

**药用功效：** 芡的种仁称芡实，具有补中益气、健脾补肾、提神消渴的功效，体虚乏力、风湿性关节炎、腰背酸痛、小便频繁、遗精、白带异常、烦渴、肠胃不适、食欲不振、腹痛者可对症使用。现代研究表明，芡实具有延缓衰老、改善记忆、抗氧化、抗疲劳的作用。

**生长习性：** 适应性强，喜温暖湿润气候，不耐霜冻和干旱。

**分布区域：** 分布于黑龙江、吉林、辽宁、河北、河南、山东、江苏、安徽、浙江、福建、江西、台湾、广西、湖南、湖北等地。

**药用小知识：** 芡实性涩滞气，一次忌服过多，否则难以消化。平素大便干结或腹胀者忌服。食滞不化者慎服。阴虚火旺、湿热等实邪所致泄泻者忌服。二便不利者禁用。

叶的形状和大小随生育期的不同而变化

| 科属：睡莲科、芡属 | 药用部位：种仁 | 性味：味甘、涩，性平 |

# 酸豆

又名酸角、通血图、木罕、曼姆、罗望子、甜目坎等。

**药用功效：** 酸豆具有清热、消暑、和胃、消积的功效，可缓解气胀、腹泻、麻痹、瘫痪等症状；还可预防坏血病，治酒精、曼陀罗中毒。将酸角与食盐拌用，可用作治风湿病的擦剂。取25~30克酸豆，水煎内服可预防中暑，还可缓解食欲不振、便秘、小儿疳积、妊娠呕吐等症状。

**生长习性：** 喜温暖干燥环境，低洼、水涝的土地不宜栽培，对土壤要求不高。

**分布区域：** 原产于非洲，在我国四川、福建、广东、广西、海南和台湾等地均有引种栽培。

**药用小知识：** 胃酸过多者不宜食用。

**你知道吗？** 酸豆内服有防光作用，也可以外敷于皮肤，将果肉打碎，搭配水和蜂蜜制成面膜敷用。酸豆果肉除了直接食用，还可以加工成果冻、糖果、浓缩果汁、果脯等。

叶片长圆形，先端钝或微凹，基部近圆形，偏斜，两面无毛，全缘

荚果肥厚肉质，圆筒形，直或微弯，灰褐色，果实熟时红棕色，味酸

花为腋生的总状花序或顶生的圆锥花序，花冠黄色带紫红色条纹

| 科属：豆科、酸豆属 | 药用部位：果实 | 性味：味酸、甘，性凉 |

# 酸浆

又名红菇娘、挂金灯、戈力、灯笼草、洛神珠、泡泡草、菇蔫儿、菇蔫等。

**药用功效：** 酸浆具有清热解毒、明目、利尿的功效，可改善气滞、热咳、咽喉肿痛、水肿、小便不利等症。取适量干品研末，用水冲服，同时加醋调敷喉外，可缓解热咳咽痛。分别取 25 克酸浆、茅草根、五谷根，水煎服，可治黄疸。

**生长习性：** 适应性很强，耐寒、耐热，喜凉爽湿润气候，喜阳光，对土壤要求不高。

**植物形态：** 多年生草本植物，基部通常匍匐生根。茎基部略带木质，分枝稀疏或不分枝，茎节不膨大，有柔毛。叶长卵形、阔卵形或菱状卵形，全缘、波状或有粗锯齿。浆果球形，橙红色，直径 10~15 毫米，柔软多汁。种子肾形，淡黄色，长约 2 毫米。

**分布区域：** 分布于甘肃、陕西、河南、重庆、湖北、四川、贵州和云南等地，东北地区广泛栽培。

**药用小知识：** 孕妇、脾虚泄泻及痰湿者忌用。

茎基部略带木质，分枝稀疏或不分枝，常被有柔毛

叶长卵形、阔卵形或菱状卵形

**古籍名医录：**《本草纲目》："《别录》曰：酸浆，生荆楚川泽及人家田园中，五月采，阴干。弘景曰：酸浆，处处人家多有，苗似水茄而小，叶亦可食。子作房，房中有子，如梅李大，皆黄赤色。"

**你知道吗？** 酸浆的果实成熟时，像一串串红灯笼挂满枝头，看上去玲珑可爱，十分有特色，因此可作观赏植物，常被栽植于花坛、庭院等处。

浆果球形，柔软多汁

| 科属：茄科、酸浆属 | 药用部位：果实 | 性味：味酸、苦，性寒 |
| --- | --- | --- |

# 五味子

又名玄及、会及、五梅子、山花椒、壮味、五味、吊榴等。

**药用功效：** 五味子具有止咳平喘、滋肾、润肺、收汗、生津、益气安神的功效，咳嗽气喘、肺虚、盗汗、自汗、燥渴、梦遗、滑精患者可对症使用。五味子常与补肾药合用，用于肺肾两虚所导致的虚咳气喘。五味子常配伍桑螵蛸、煅龙骨来治遗精。现代研究表明，五味子具有镇静、催眠、抗惊厥、抗衰老、增强免疫力、提高记忆力、降血脂、保护肝脏、保护心脏等作用。

**生长习性：** 喜微酸性腐殖土，野生植株生长在山区的杂木林、林缘或山沟的灌木丛中，缠绕在其他林木上生长。

**植物形态：** 落叶木质藤本植物。幼枝红褐色，老枝灰褐色，皮孔明显。叶膜质，叶柄两侧由叶基下延成极狭的翅，幼叶背面被柔毛，芽鳞具缘毛。花单性异株，生于叶腋，花被乳白色或粉红色。小浆果球形，肉质，熟时深红色，果皮有不明显的腺点。种子1~2枚，呈肾形，淡褐色，种皮光滑，种脐明显凹入，呈"U"形。

**分布区域：** 分布于黑龙江、吉林、辽宁、内蒙古、河北、山西、宁夏、甘肃、山东等地。

小枝灰褐色，皮孔明显

浆果球形，肉质，熟时深红色

花单性异株，花被乳白色或粉红色

内含种子1~2枚，肾形，棕黄色，有光泽，坚硬

**药用小知识：** 五味子有收敛固涩的作用，所以体表有邪的人用五味子会加重病情；体内有实热的人使用后，热邪无法排除，疾病不能痊愈。正在服用磺胺类、氨苯蝶啶等药物者，使用本品前务必咨询医生。

**小贴士：** 秋季果实成熟时采摘，晒干或蒸后晒干，除去果梗及杂质。

**你知道吗？** 五味子可以用来提取芳香油，也能榨油提取润滑油。它的茎皮纤维柔韧，能做绳索。

干燥果实略呈球形或扁球形

| 科属：五味子科、五味子属 | 药用部位：果实 | 性味：味酸、甘，性温 |

# 毛叶榄

又名橄榄、青果、谏果、山榄、白榄、红榄等。

**药用功效：** 毛叶榄的果实为橄榄，具有消肿利咽、生津止渴、清肺排毒的功效，可缓解咽喉肿痛、烦热燥渴、肠胃不适、饮酒过度、轻微中毒等症状。取橄榄肉适量，煎汤代茶饮，可缓解酒伤昏闷之症。

**生长习性：** 生于年平均气温在20℃以上、冬季无霜冻的地区，喜温暖气候，对土壤要求不高，以土层深厚、排水良好的土壤为佳。

**分布区域：** 分布于福建、广东、广西、台湾、四川、浙江等地。

**药用小知识：** 脾胃虚寒及大便秘结者慎服。

**你知道吗？** 毛叶榄是很好的防风树种和行道树，其木材可用于造船，制作枕木、家具、农具等，其种仁榨的油，可用于肥皂或润滑油的生产。

花序腋生，微被茸毛至无毛

小叶 3~6 对，纸质至革质，披针形或椭圆形（至卵形），背面有极细小疣状凸起

果卵圆形至纺锤形，横切面近圆形，无毛，成熟时黄绿色

| 科属：橄榄科、橄榄属 | 药用部位：果实、种仁 | 性味：味甘、酸、涩，性平 |
| --- | --- | --- |

# 东北茶藨子

又名满洲茶藨子、山麻子、东北醋李、狗葡萄、山樱桃、灯笼果等。

**药用功效：** 东北茶藨子具有疏风解表、清肺利咽、生津止渴等功效，可用于咳嗽痰血、咽喉肿痛、暑热烦渴等症，还可缓解因醉酒、鱼蟹中毒等引起的不适症状。

**生长习性：** 喜阴凉而略有阳光的环境，生于山坡、山谷针阔混交林下或杂木林内。

**植物形态：** 小枝呈灰色或灰褐色，嫩枝红褐色。叶宽大，基部心形，叶柄长 4~7 厘米，有短柔毛，叶脉明显。花两性，卵圆形，总状花序；花瓣近匙形，黄绿色；花药近圆形，红色。果实呈球形，直径 7~9 毫米，红色无毛。种子多数，圆形。

**分布区域：** 分布于黑龙江、吉林、辽宁、内蒙古、河北、山西、陕西、甘肃、河南等地。

嫩枝红褐色

总状花序，花瓣近匙形，黄绿色

叶宽大，基部心形，叶脉明显

果实球形，红色，无毛

| 科属：茶藨子科、茶藨子属 | 药用部位：果实 | 性味：味酸，性温 |
| --- | --- | --- |

# 山楂

又名山里果、酸里红、山里红、赤爪实、棠棣子、羊棣等。

**药用功效：** 山楂具有健脾开胃、活血散瘀、消食、止痢的功效，可缓解食积痰饮、腰痛、疝气、产后腹痛、恶露不尽、小儿乳食积滞等症状，还能一定程度地软化和扩张血管，防治心血管疾病，增强心脏活力。

**生长习性：** 稍耐阴，耐寒，耐干燥，耐贫瘠，以排水良好、湿润的微酸性沙壤土为佳。

**分布区域：** 分布于山东、河南、河北、辽宁、山西、北京、天津等地。

**药用小知识：** 孕妇禁食，易促进宫缩，诱发流产。山楂不宜与海鲜、人参、柠檬、猪肝同食。

**药用小知识：** 9~10 月果实成熟后采收，采下后趁新鲜横切或纵切成两瓣，晒干。

**你知道吗？** 山楂具有开胃的作用，可以生吃，也可以做成果脯、果膏食用。

复伞房花序，花白色，后期变粉红色，有独特气味

叶片三角状卵形至菱状卵形，基部截形或宽楔形

小枝紫褐色，老枝灰褐色

果实球形，熟后深红色表面具淡色小斑点

| 科属：蔷薇科、山楂属 | 药用部位：果实 | 性味：味酸、甘，性微温 |
| --- | --- | --- |

# 决明

又名钝叶决明、草决明、马蹄决明、假绿豆等。

**药用功效：** 决明的种子为决明子，具有润肠通便、明目安神、消肿利水的功效，可缓解大便秘结、头痛眩晕、目赤肿痛等症状。决明子茶有明目、通便、降压的作用。取决明子、菊花、蝉蜕、青

葙子各 15 克，水煎服，可辅助治疗急性结膜炎。取决明子、郁李仁各 18 克，沸水冲泡代茶，可改善习惯性便秘。

**生长习性：** 生于村边、路旁和旷野等处。

**分布区域：** 分布于安徽、广西、四川、浙江、广东等地。

**药用小知识：** 孕妇忌服。脾胃虚寒者、气血不足者、便溏者、气血虚型肥胖症患者个宜服用。

**药用小知识：** 秋季，果实成熟时挑选晴天将全株割下或摘下果实，晒干，打出种子，再晒干。放置在阴凉干燥处保存。

花盛夏开放，腋生，花瓣 5，黄色

种子四方形或短圆柱形，两端近平行，稍倾斜，绿棕色或暗棕色

偶数羽状复叶，叶柄上无腺体，纸质，倒心形或倒卵状长椭圆形

| 科属：豆科、决明属 | 药用部位：种子 | 性味：味苦、甘、咸，性微寒 |
| --- | --- | --- |

# 赤豆

又名红豆、红小豆、红赤豆、米赤豆等。

**分布区域：**全国各地均有栽培。

**药用小知识：**赤豆能通利水道，故尿多之人忌服。

**小贴士：**8~9月荚果成熟且未开裂时采收全株，晒干并打出种子，去除杂质，再晒干。放置在阴凉干燥处保存。挑选赤豆时，以身干、颗粒饱满、色赤红发暗者为佳。

荚果长圆柱形，初生时绿色，成熟时黄绿色

**药用功效：**赤豆具有消肿利水、祛热除湿、解毒疗疮的功效，水肿胀满、黄疸尿赤、风湿热痹、痈疮肿毒、心血不足患者可对症使用。

**生长习性：**喜湿润潮湿气候，喜阴，耐旱，抗寒。

干燥种子略呈圆柱形而稍扁，长5~7毫米，直径约3毫米

种皮赤褐色或紫褐色，平滑，微有光泽

质坚硬，不易破碎，除去种皮，可见两瓣乳白色子仁

| 科属：豆科、豇豆属 | 药用部位：种子 | 性味：味甘、酸，性平 |
| --- | --- | --- |

# 桑

又名家桑、蚕桑等。

壤适应性都很强，耐寒，耐旱，不耐水湿。

**分布区域：**全国各地均有栽培。

**药用小知识：**尤适宜头晕目眩、耳鸣心悸、烦躁失眠、腰膝酸软者。体虚便溏者不宜食用，儿童不宜大量食用。

**你知道吗？**桑葚除了可以直接食用，也可以煮粥或与其他水果一起制作果汁，还可酿酒或醋。

小枝有细毛

**药用功效：**桑的果实为桑葚，具有清心明目、安神益智、生津润燥、滋阴补血的功效，头痛、眩晕、失眠多梦、耳鸣、心悸、燥热消渴、血虚便秘、腰膝酸软者可对症使用。

**生长习性：**喜光照，对气候、土

聚合果未熟时黄白色或黄绿色，成熟后为紫红色或紫黑色，味酸甜

单叶互生，叶片卵形或宽卵形，先端锐尖或渐尖，基部圆形或近心形

| 科属：桑科、桑属 | 药用部位：果实、根皮 | 性味：味甘、酸，性寒 |
| --- | --- | --- |

# 枸杞

又名地骨子、枸茄茄、苟起子、甜菜子、西枸杞、狗奶子等。

**药用功效：** 枸杞具有滋补肝肾、益精补血、明目安神的功效，可缓解肝肾阴亏、阳痿、遗精、腰膝酸软、目眩、耳鸣、血虚萎黄、内热消渴等症状，糖尿病、脂肪肝、慢性肾衰竭疾病患者可对症使用。现代研究表明，枸杞还具有延缓衰老、降血脂、抗动脉粥样硬化、降血糖、抗疲劳等功效。

**生长习性：** 喜光照，耐盐碱，耐肥，耐旱，怕水渍，多生长在碱性土壤和砂质土壤中，以土层深厚、肥沃的土壤为佳。

**植物形态：** 蔓生灌木。树干粗壮，枝条细弱，弓状弯曲或俯垂，灰白色或灰黄色，有纵条纹和棘刺。单叶互生，叶卵形、卵状菱形、长椭圆形或卵状披针形，顶端急尖，基部楔形。花在长枝上单生或双生于叶腋，在短枝上则同叶簇生；花冠漏斗状，淡紫色。浆果卵形，顶端尖或钝，红色，在栽培类型中也有橙色的。种子扁肾形，黄色。

**分布区域：** 分布于宁夏、甘肃、新疆、内蒙古、青海等地。

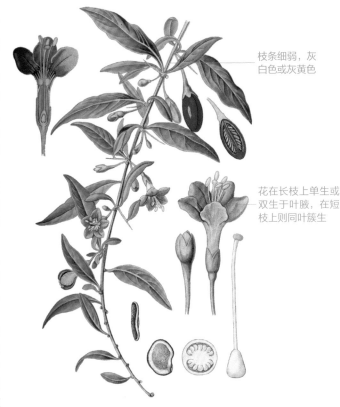

枝条细弱，灰白色或灰黄色

花在长枝上单生或双生于叶腋，在短枝上则同叶簇生

叶卵形、卵状菱形、长椭圆形或卵状披针形

**药用小知识：** 外感实热、脾虚泄泻者不宜服用。感冒发热、身体有炎症、腹泻、高血压患者忌服。枸杞一般不宜和温热的补品一同进补，如桂圆、红参。枸杞无毒，但是长期服用或者超量服用会让人上火。

**小贴士：** 质量上乘的枸杞粒大肉多，颜色红，味道甜。

**你知道吗？** 枸杞嫩叶可作蔬菜，并可以加工成食品、保健品等，煮粥时也可加入。枸杞种子油可制成食用油或润滑油。

浆果红色，顶端尖或钝

| 科属：茄科、枸杞属 | 药用部位：果实 | 性味：味甘，性平 |
|---|---|---|

# 无花果

又名映日果、奶浆果、蜜果、树地瓜、文仙果等。

**药用功效**：无花果具有健胃清肠、消肿解毒、止咳润肺的功效，肠胃不适、腹泻不止、咽喉肿痛、疥癣、痈疮、咳喘者可对症使用。其根和叶多用于辅助治疗肠炎、腹泻、痈肿等；其果实可清肠润肺，多用于缓解腹泻、乳汁不足、食欲不振、疥癣、咽喉肿痛等病症。

**生长习性**：喜温暖湿润的海洋性气候，喜光照，喜肥，不耐寒，不抗涝，但较耐干旱。

**分布区域**：主要分布于长江流域和华北沿海地区。

**药用小知识**：适合视力低下者食用，有助于视觉恢复。脂肪肝患者、脑血管意外患者、腹泻者不适宜食用。大便溏薄者不宜生食。

树皮灰褐色，皮孔明显，小枝直立，粗壮

榕果单生叶腋，大而呈梨形，顶部下陷

叶互生，厚纸质，广卵圆形，长宽近相等

果实未熟时青色或淡棕黄色，成熟时紫红色或黄色

| 科属：桑科、榕属 | 药用部位：果实、根、叶 | 性味：味甘，性平 |
| --- | --- | --- |

# 荔枝

又名丹荔、丽枝、离枝、火山荔、勒荔、荔支等。

**药用功效**：荔枝具有理气散结、开胃益脾、补脑健身、补血安神、生津止渴、温中止痛的功效。其果肉和核可入药，能缓解心气不顺、头晕胸闷、烦躁不安、呃逆、腹泻、疔疮、脓肿、颈部淋巴结结核等疾病的症状。

**生长习性**：喜高温、高湿，喜光照，其遗传性又要求花芽分化期气温相对较低，但最低气温在 −2~4℃又会遭受冻害。

**分布区域**：分布于西南、南部和东南地区，尤以广东、广西和福建南部栽培较多。

**药用小知识**：出血性疾病患者、孕妇、虚火旺盛者、糖尿病患者忌服。

小枝圆柱形，褐红色，密生白色皮孔

叶薄革质或革质，披针形、卵状披针形或长椭圆状披针形

果卵圆形至近球形，成熟时呈暗红色至鲜红色

果肉鲜时色白，晒干后呈红色，种子全部被肉质假种皮包裹

| 科属：无患子科、荔枝属 | 药用部位：果实 | 性味：味甘、酸，性温 |
| --- | --- | --- |

# 银杏

又名白果、灵眼、佛指柑、公孙树子等。

**药用功效：**银杏降痰、杀虫、温肺益气、定咳定喘、缩小便、止白浊。在治疗咳嗽、哮喘、遗精遗尿、白带方面具有独特的效果。银杏的种子称为"白果"，有敛肺气、定喘嗽的功效，还可治遗精、尿频等症。银杏叶提取物对治疗冠心病、心绞痛和高脂血症有一定的效果，可改善冠心病患者的头晕、胸闷、心悸、气短、乏力等症状。银杏叶提取物在口腔中具有一定的抗菌和抗细菌黏附等作用。

**生长习性：**喜温暖湿润的气候，喜阳光充足，耐旱，耐严寒，忌水涝。适应能力强，生命力顽强，在一般土壤中也能生长，以质地疏松、排水良好、土层深厚的沙壤土为宜。生于山坡、丘陵、沟边、路旁。

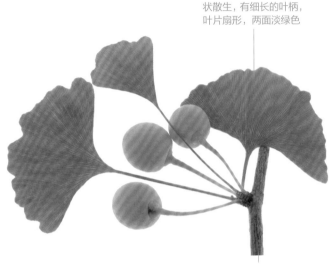

叶互生，在长枝上辐射状散生，有细长的叶柄，叶片扇形，两面淡绿色

树枝有长枝和短枝

种子倒卵形或椭圆形，壳呈白色或灰白色

**分布区域：**分布于山东、浙江、安徽、福建、江西、河北、河南、湖北、江苏、湖南、四川、贵州、广西、广东、云南等地。

**药用小知识：**有实邪者忌服。生食或炒食过量可导致中毒。

果实为核果，具长梗，椭圆形、长圆状倒卵形、卵圆形或近球形

| 科属：银杏科、银杏属 | 药用部位：果实、种子、叶 | 性味：味甘、苦、涩，性平 |
| --- | --- | --- |

# 杏

又名杏子、杏实等。

**药用功效：** 苦杏仁为杏的种子，具有止咳平喘、润肠通便的功效，作为常用中药，苦杏仁可缓解咳嗽、咽喉肿痛、烦热、头痛、产乳金疮等症状。

**生长习性：** 耐寒，耐旱，耐高温，对土壤要求不高，在微酸性、碱性壤土、黏土甚至岩缝中都能生长。

**分布区域：** 分布于河北、山东、山西、河南、陕西、甘肃、青海、新疆、辽宁、吉林、黑龙江、内蒙古、江苏、安徽等地。

**药用小知识：** 产妇、幼儿和糖尿病患者，不宜吃杏或杏制品。

花瓣圆形至倒卵形，白色或带红色

叶片宽卵形或卵圆形，深绿色，边缘有圆钝锯齿

果实球形，稀倒卵形，稍扁，形状似桃，直径 2.5 厘米以上，果肉暗黄色，味甜多汁

枝无毛，多数具皮孔

| 科属：蔷薇科、杏属 | 药用部位：果实、种子、叶 | 性味：味苦，性微温 |
| --- | --- | --- |

# 李

又名嘉应子、嘉庆子、玉皇李、山李子等。

**药用功效：** 李子为李的果实，具有清热祛暑、止渴生津、利水消肿、解毒活血的功效，可辅助治疗燥热、干渴、水肿、腹水、小便不利、内伤瘀热、虚劳骨蒸等病症。

**植物形态：** 落叶乔木。树冠广圆形；老枝紫褐色或红褐色；叶呈椭圆状披针形或椭圆状倒卵形，边缘具密钝细复齿；花常 3 朵簇生，白色，花瓣 5；核果球形或卵球形，先端稍尖，基部深陷，缝痕明显，被蜡粉，通常黄色至淡黄绿色或微红至紫红色。花期 4~5 月。果期 7~8 月。

**生长习性：** 适应性强，对土壤要求不高，生长迅速，在寒凉地区有时生长易受早霜影响。

花两性，萼筒钟状，无毛，萼片长圆卵圆形，少有锯齿

**分布区域：** 分布于辽宁、陕西、甘肃、四川、云南、贵州、湖南、湖北、江苏、浙江、江西、福建、广东、广西、台湾等地。

叶片长圆倒卵形或长圆卵圆形，先端渐尖或急尖，基部楔形

核果近球形或卵球形，紫红色或红色

树皮灰褐色，起伏不平

| 科属：蔷薇科、李属 | 药用部位：果实 | 性味：味甘、酸，性平 |
| --- | --- | --- |

# 桃

又名肺果、水蜜桃等。

**药用功效：** 桃具有养阴津、消肿止痛、活血散瘀、润肠通便的功效，可缓解干渴、腹痛、跌打肿痛、血瘀、痛经、肠燥便秘、咳嗽气喘、遗精、盗汗、自汗等症状。桃仁提取物可辅助治疗血吸虫病性肝硬化。桃仁搭配茜草、益母草、牛膝等，可改善血瘀经闭、痛经等问题。

**生长习性：** 喜光照，不耐阴，耐寒，耐旱，忌涝，以肥沃、排水良好的土壤为佳。

**分布区域：** 全国各地广泛栽培。

**小贴士：** 挑选桃时，颜色红的不一定甜，桃核与果肉不易分离的比较甜。

花瓣长圆状椭圆形至宽倒卵形，粉红色，罕为白色

树皮暗红褐色，老时粗糙呈鳞片状

叶片长圆披针形、椭圆披针形或倒卵状披针形，边缘具细锯齿或粗锯齿

核椭圆形或近圆形，表面具纵横沟纹和孔穴

果实形状和大小多变，卵形、宽椭圆形或扁圆形，果肉白色、浅绿白色、黄色、橙黄色或红色

| 科属：蔷薇科、李属 | 药用部位：果实、种子、叶、树脂 | 性味：味甘、酸，性温 |

# 秋子梨

又名果宗、蜜父、山檎、玉露、快果等。

**药用功效：** 秋子梨具有滋阴润肺、清热解毒、降火生津的功效。其果实、根、叶、花均可入药，可改善肺热、痰多等症状。秋子梨汁煮粥食用，可以治小儿疳热、风热昏燥。

**生长习性：** 耐寒，耐旱，耐涝，耐盐碱，喜光，喜温，宜选择土层深厚、排水良好的缓坡山地种植。

**分布区域：** 分布于安徽、河北、山东、辽宁、江苏、四川、云南等地。

伞形总状花序，有花7~10朵，花瓣卵形，离生，无毛

果实多呈卵形或近球形，直径通常为5~7厘米，果肉黄白色，有的可见子房室，或灰褐色种子

叶片卵形或椭圆形，先端渐尖或急尖，基部宽楔形

| 科属：蔷薇科、梨属 | 药用部位：果实、根、叶、花 | 性味：味甘、微酸，性凉 |

# 苹果

又名奈子、平安果、智慧果、记忆果、林檎等。

**药用功效：** 苹果具有解暑醒酒、生津止渴、健胃消食、润肺止咳、养心益气的功效，可降低患肺病、哮喘等疾病的风险。

**生长习性：** 喜光照，喜微酸性到中性壤土，以土层深厚、富含有机质、通气排水良好的沙壤土为佳。

**植物形态：** 枝幼时有很多茸毛，紫褐色，长成后变光滑。叶为单叶互生，椭圆形至卵形，边缘有圆钝锯齿，幼时两面有毛，后表面光滑，暗绿色。花白色带红晕，花柄与花萼均具灰白色茸毛。果实略扁，球形，两端均凹陷，初时呈黄绿色，熟时呈深红色，或因品种不同而呈黄、绿等色；果梗较短；每个果有 5 个心室，每个心室有 2 粒种子。

**分布区域：** 分布于东北、华北、华东、西北地区，以及四川、云南等地。

叶片椭圆形至卵形，边缘有圆钝锯齿

枝幼时有很多茸毛，长成后变光滑

**你知道吗？** 陕西是我国苹果种植面积最大、产量最高的地区，该省每年的苹果产量占我国苹果总产量的 1/4、世界苹果总产量的 1/7。陕西的浓缩苹果汁产量和出口量也十分可观。

花白色带红晕

果梗较短

果实略扁，球形

果实初时呈黄绿色，熟时呈深红色，或因品种不同而呈黄、绿等色

| 科属：蔷薇科、苹果属 | 药用部位：果实、叶 | 性味：味甘、微酸，性凉 |
| --- | --- | --- |

# 樱桃

又名英桃、莺桃、车厘子、牛桃、樱珠、含桃等。

怕旱，忌风、忌冻，适合年平均气温为 10~13℃、早春气温变化不剧烈、夏季凉爽干燥、雨量适中、光照充足的地区栽培。

**分布区域：**分布于安徽、辽宁、河北、陕西、甘肃、山东、河南、江苏、浙江、江西等地。

核果近球形，红色，直径 0.9~1.3 厘米，果实汁水饱满，味酸甜

花序伞房状或近伞形，先叶开放，花瓣白色，卵圆形

叶片卵形或长圆状卵形，上面暗绿色，近无毛，下面淡绿色

树皮灰白色，小枝灰褐色，嫩枝绿色，无毛或被疏柔毛

**药用功效：**樱桃具有补脾益肾的功效，可辅助治疗产后出血、月经过多、崩漏等多种妇科疾病。樱桃还可改善四肢麻木、风湿性腰腿痛等症状。

**生长习性：**喜温、喜光照，怕涝、

| 科属：蔷薇科、李属 | 药用部位：果实、叶、根 | 性味：味甘、微酸，性温 |
|---|---|---|

# 椰子

又名胥余、越王头、椰瓢、大椰等。

**生长习性：**为热带喜光作物，在高温、多雨、阳光充足、有海风吹拂的条件下生长发育良好，适宜生长的土壤是海岸冲积土和河岸冲积土。

**分布区域：**主要分布于海南各地、台湾南部、广东的雷州半岛及云南的西双版纳。

叶羽状全裂，裂片多数，外向折叠，革质，线状披针形

植株高大，高 15~30 米，茎粗壮，有环状叶痕，基部增粗，常有簇生小根

果卵球形或近球形，顶端微具三棱，长 15~25 厘米

**药用功效：**椰子具有补脾益肾、催乳的功效。椰浆清暑解渴，可缓解口干烦渴；椰肉（胚乳）有补虚强壮的功效；椰子油能治冻疮、疥癣、杨梅疮等症；椰子壳外用可辅助治疗体癣。

| 科属：棕榈科、椰子属 | 药用部位：果皮、胚乳 | 性味：味甘、辛，性平 |
|---|---|---|

# 番木瓜

又名石瓜、木瓜、万寿果等。

**生长习性：** 喜温暖环境，喜半干半湿，不耐阴，以土层深厚、疏松肥沃、排水良好的沙壤土为佳。

**分布区域：** 主要分布于海南、台湾、云南、福建、广东、广西等地。

**药用小知识：** 孕妇及体弱胃寒者忌服用。

**小贴士：** 夏秋季，采收成熟果实，鲜用或切片晒干。

灌木或小乔木，高 5~10 米

果实长椭圆形，长 10~15 厘米，果熟时黄绿色或黄色，果香浓郁

种子多数，黑色，卵球形

**药用功效：** 番木瓜具有除湿通络、利气散瘀、消食下乳、解毒驱虫的功效，可缓解肢体麻木、风湿痹痛、湿疹、乳汁稀少等症状。番木瓜未成熟时，其果汁可治消化不良，并有通乳的作用；成熟时，其果汁可利二便，治红白痢疾。

| 科属：番木瓜科、番木瓜属 | 药用部位：果实 | 性味：味甘，性平 |
| --- | --- | --- |

# 西瓜

又名夏瓜、寒瓜、青门绿玉房、水瓜等。

**分布区域：** 南方以海南为主要产区，北方以黄河沿线地区为主要产区。

**药用小知识：** 西瓜性寒，可能会导致腹胀、腹泻、食欲下降，还可能积寒助湿，导致疾病。

**小贴士：** 完整的西瓜可冷藏 15 天，切开后放冰箱冷藏不宜超过 1 小时。

种子扁平，卵圆或长卵圆形，平滑或具裂纹

叶互生，深裂、浅裂或全缘

果实有球形、卵形、椭圆形、圆筒形等

**药用功效：** 西瓜具有清热祛火、解暑消烦、生津止渴、利尿的功效，中暑、烦热、咽喉干燥、嘴唇干裂者可对症使用。

**生长习性：** 喜强光，耐旱，以沙壤土为佳。

| 科属：葫芦科、西瓜属 | 药用部位：果实、种子 | 性味：味甘，性寒 |
| --- | --- | --- |

# 中华猕猴桃

又名奇异果、羊桃、红藤梨、毛梨等。

**药用功效：**中华猕猴桃具有清热、止渴利尿、健胃的功效。现代研究表明，中华猕猴桃所含的血清促进素可起到镇静作用；所含的天然肌醇有助于脑部活动；所含的膳食纤维能降低胆固醇，保护心脏；所含的猕猴桃碱和多种蛋白酶，可帮助消化、防止便秘。

**生长习性：**喜阴凉湿润环境，怕旱、涝、风，耐寒，不耐早春晚霜。

**分布区域：**主要分布于陕西、四川、河南等地。

**小贴士：**选购猕猴桃时，一定要选头尖尖像小鸡嘴巴的，而不要选扁扁的。

种子多数，细小，扁卵形，褐色，悬浮于果瓤之中

枝褐色，有柔毛，髓白色，层片状

叶近圆形或宽倒卵形，顶端钝圆或微凹，背面密生灰白色星状茸毛

浆果卵形至长圆形，密被黄棕色有分枝的长柔毛

| 科属：猕猴桃科、猕猴桃属 | 药用部位：果实、叶、根 | 性味：味甘、酸，性寒 |
| --- | --- | --- |

# 草莓

又名红莓、洋莓等。

**药用功效：**草莓具有润肺止咳、祛暑解热、健脾开胃的功效，可改善肺热咳嗽、烦热燥渴、食欲不振等病症，高血压、高脂血症、脑出血、冠心病、心绞痛、动脉硬化患者可对症使用。草莓含有果胶及纤维素，可促进肠胃蠕动，改善便秘，预防痔疮、肠道癌症的发生。

**生长习性：**喜光照，喜潮湿，怕水渍，不耐旱，以肥沃、透气良好的沙壤土为佳。

**分布区域：**分布于四川、河北、安徽、辽宁、山东等地。

**小贴士：**草莓不易洗净，可以用淡盐水浸泡草莓 10 分钟，既可杀菌又易洗净。

可食的肉质部分为花托发育而成

聚合果大，直径达 3 厘米，鲜红色，宿存萼片直立，紧贴于果实

叶三出，小叶具短柄，质地较厚，倒卵形或菱形，少数近圆形

聚伞花序，花瓣白色，近圆形或倒卵状椭圆形，基部具不显的爪

| 科属：蔷薇科、草莓属 | 药用部位：果实 | 性味：味酸、甘，性凉 |
| --- | --- | --- |

# 杨梅

又名龙睛、朱红、树梅、山杨梅等。

**药用功效：** 杨梅具有活血散瘀、生津止渴、和胃止呕的功效。取其根、树皮水煎内服，可缓解痢疾、牙痛、骨折、跌打损伤、十二指肠溃疡的症状；还可以捣烂外敷用于烧烫伤、创伤出血。其果实多用于缓解口干，改善食欲不振。将杨梅烧成灰服用，可治下痢；用食盐腌制后食用，则能化痰止呕，消食下酒。常含杨梅咽汁，有利于五脏下气。

**生长习性：** 喜温暖湿润、多云雾气候，不耐强光，不耐寒。

**分布区域：** 分布于湖南、广东、广西、贵州等地。

**药用小知识：** 凡阴虚、血热火旺者，牙病和糖尿病患者忌服。杨梅对胃黏膜有一定的刺激作用，故胃溃疡患者要慎服。

**你知道吗？** 除鲜食外，杨梅还可加工成糖水杨梅罐头、果酱、蜜饯、果汁、果干和果酒等。

小枝及芽无毛，皮孔通常少而不显著，幼嫩时仅被圆形盾状着生的腺体

叶革质，无毛，常密集于小枝上端部分

果实为核果，每一雌花穗结1~2果，核果球状，外表面具乳头状凸起，直径1~1.5厘米

| 科属：杨梅科、杨梅属 | 药用部位：果实、根、树皮 | 性味：味甘、酸，性温 |
|---|---|---|

# 覆盆子

又名树莓、悬钩子、山抛子、刺葫芦、馒头菠等。

**药用功效：** 覆盆子具有补肾涩精、排脓解毒、醒酒明目、消肿止痛的功效，肾虚、遗精、醉酒、丹毒、咽喉肿痛者可对症使用。其根部入药有活血、散瘀的作用。在湖南的湘西地区，人们常将其嫩叶捣碎饲喂动物以治疗腹泻。

**生长习性：** 耐贫瘠，适应性强，属阳性植物。在林缘、山谷阳坡生长，有阳叶、阴叶之分。

**分布区域：** 除甘肃、青海、新疆、西藏外，全国各地均有分布。

**药用小知识：** 尤适宜肾虚、遗精、醉酒、丹毒、咽喉肿痛、多发性脓肿、乳腺炎患者。

**小贴士：** 挑选覆盆子时，以颗粒完整、饱满、色灰绿、具酸味者为佳。

叶卵形或卵状披针形，顶端渐尖，基部圆形或略带心形

幼枝带绿色，有柔毛及皮刺

聚合果球形，由很多小核果组成，直径1~1.2厘米，成熟时红色

聚合果中空，汁水丰盈

| 科属：蔷薇科、悬钩子属 | 药用部位：果实、根 | 性味：味微甘、酸，性平 |
|---|---|---|

# 大果越橘

又名蔓越莓、蔓越橘、小红莓、酸果蔓等。

**药用功效：** 大果越橘即蔓越莓，具有改善便秘的功效，可减少心血管老化病变。蔓越莓汁可抑制幽门螺旋杆菌，治疗细菌性胃溃疡。

**生长习性：** 生长在寒冷的北美湿地，需要大量的水，是为数不多的可以在酸性泥土里生长的农作物。

**分布区域：** 主要分布于东北地区，主产于黑龙江的抚远市。

**药用小知识：** 肾结石、糖尿病患者慎用。蔓越莓性凉，阳虚体质、血瘀体质、脾胃久虚者也不宜用。

**小贴士：** 将蔓越莓置于袋中，可在冰箱中冷藏保存2~3周。

叶散生，叶片革质，长圆形或长卵形，无毛，叶全缘，中脉明显，叶柄较短

浆果球形，紫红色，直径6~9毫米

总状花序短，腋生，花冠短钟形，黄白色

| 科属：杜鹃花科、越橘属 | 药用部位：果实、根、叶 | 性味：味微甘、酸，性凉 |
|---|---|---|

# 笃斯越橘

又名蓝莓、都柿、甸果等。

**药用功效：** 笃斯越橘即蓝莓，具有祛风除湿、消肿止痛、益智明目、止泻的功效，可改善一般的腹泻、伤风、咽喉肿痛等症。

**生长习性：** 以疏松、透气、富含有机质的酸性土壤为佳。

**分布区域：** 分布于山东、吉林、辽宁、江苏、贵州、云南等地。

**你知道吗？** 蓝莓表面的白霜为果粉，是其生长过程中自然分泌出的果糖液凝结形成的。

灌木丛生，树高差异悬殊，高可达10米，栽培中常控制在3米左右

果实球形、椭圆形、扁圆形或梨形，单果平均重0.5~2.5克

果实呈蓝色，色泽亮丽，被一层白色果粉包裹，果肉细腻

| 科属：杜鹃花科、越橘属 | 药用部位：果实 | 性味：味甘、酸，性凉 |
|---|---|---|

# 石榴

又名安石榴、海石榴、若榴、丹若、山力叶等。

**药用功效：** 石榴皮具有涩肠、止血、止泻、杀虫的功效，吐血、便血、久痢、久泻、血崩、脱肛者，及蛔虫病、绦虫病患者可对症使用。石榴花捣烂外敷，可缓解中耳炎症状；石榴叶水煎内服，可辅助治疗急性肠炎。

**生长习性：** 喜温暖向阳环境，耐旱、耐寒，也耐瘠薄，不耐涝和荫蔽。对土壤要求不高，以排水良好的夹沙土为佳。

**植物形态：** 落叶灌木或小乔木。根系发达，主根粗壮，多分枝，黄褐色。树干灰褐色，有片状剥落，嫩枝黄绿色，光滑，常呈四棱形，枝端多为刺状，无顶芽。单叶对生或簇生，矩圆形或倒卵形，叶面光滑，短柄，新叶嫩绿或古铜色。花两性，夏季开花，萼片管状，肉质；花瓣倒卵形，有红、白、黄、粉红等颜色。浆果近似球形，内部由薄膜状心皮分隔；外种皮肉质，呈鲜红、淡红或白色，多汁，甜而带酸。

**分布区域：** 全国各地均有栽培。

单叶对生或簇生，矩圆形或倒卵形

树干灰褐色

浆果近球形，果皮厚，顶端具宿存花萼

**药用小知识：** 大便秘结、急性盆腔炎、尿道炎、感冒、肺气虚弱、肺痿、硅肺病、哮喘、肺脓肿等患者忌用。

**小贴士：** 挑选石榴时，以皮厚实、色红褐者为佳。

**古籍名医录：**《药性论》："治筋骨风，腰脚不遂，步行挛急疼痛。主涩肠，止赤白下痢。取汁止目泪下，治漏精。"《本草拾遗》："主蛔虫。煎服。"

花瓣呈倒卵形

| 科属：千屈菜科、石榴属 | 药用部位：果皮、花、根、叶 | 性味：味酸、涩，性温 |
| --- | --- | --- |

# 柿

又名柿子、柿桃、朱果、猴枣等。

寒，对土壤要求不高，以土层深厚、排水良好、富含有机质的土壤为佳。

**分布区域：** 分布于河北、北京、河南、山东、山西等地。

**药用小知识：** 脾胃虚寒、痰湿内盛、外感咳嗽、脾虚泄泻者慎服。

树皮深灰色至灰黑色，或者黄灰褐色至褐色，沟纹较密，裂成长方块状

果实形状因品种而异，大小、扁圆不一

**药用功效：** 柿子具有清肠润肺、健脾益胃、清热凉血、止血止痢的功效，可缓解干咳、喉痛、痔血、大便干结等症状。将柿子叶煎服或冲开水代茶饮，可降低血压、促进新陈代谢，还有止咳化痰的作用。

**生长习性：** 喜光照，喜温暖，耐

有种子数颗，褐色，椭圆形，长约2厘米，宽约1厘米，侧扁

嫩时绿色，后变黄色或橙黄色，果肉较脆硬，老熟时果肉变得柔软多汁，呈橙红色或大红色等

| 科属：柿科、柿属 | 药用部位：果实、花、叶、根 | 性味：味甘、微涩，性凉 |
|---|---|---|

# 柚

又名柚子、文旦、香栾、朱栾、内紫、条、雷柚、碌柚等。

地方，每年春秋雨季时栽培最为适宜。

**分布区域：** 主产于广东、广西、福建、江西、湖南、湖北、浙江、四川等地。

**药用小知识：** 柚子性寒，体质虚寒者慎服。柚子有滑肠的功效，脾虚泄泻者慎服。

总状花序，有时兼有腋生单花，花蕾淡紫红色，稀乳白色

**药用功效：** 柚子具有健脾消食、消炎镇痛、解酒化痰的功效，可缓解食欲不振、肠胃不适、大便不通等症状。柚子还可促进伤口愈合，防治败血症。

**生长习性：** 多生长在温暖潮湿的

果皮厚或薄，海绵质，油胞大，凸起

种子可达200粒，亦有无子的，形状不规则，通常近似长方形

瓤囊10~15或多至19瓣，汁胞白色、粉红色或鲜红色，少有带乳黄色

| 科属：芸香科、柑橘属 | 药用部位：果实、种子、叶、花 | 性味：味甘、酸，性寒 |
|---|---|---|

# 柑橘

又名橘子、桔子等。

**药用功效：**柑橘具有补脾理气、清热去火、润肺生津、醒酒利尿的功效，其叶、根、种子、果实均可入药。可用于胸膈烦热、脾虚腹胀、气逆不下、小便不利等症。

**生长习性：**稍耐阴，喜温暖湿润气候，不耐寒，以深厚肥沃的中性至微酸性沙壤土为佳。

**分布区域：**分布于四川、贵州、湖北、湖南、广东、广西、福建、浙江、江西、安徽、河南、江苏、陕西等地。

**古籍名医录：**《本草衍义》："乳柑子，今人多作橘皮售于人，不可不择也。柑皮不甚苦，橘皮极苦，至熟亦苦。"

**小贴士：**橘肉外层的网状筋络也是一味良药，因此建议吃橘子时不要撕掉筋络。

叶片披针形，叶缘上半段通常有钝或圆裂齿，很少全缘

果皮薄而光滑，或厚而粗糙，淡黄色、朱红色或深红色

果肉酸甜，或有苦味，或另有特殊气味

| 科属：芸香科、柑橘属 | 药用部位：果实、果皮、种子、叶、根 | 性味：味甘、酸，性平 |
| --- | --- | --- |

# 西番莲

又名时计草、转枝莲、转心莲。

**药用功效：**西番莲具有祛风、除湿、活血、止痛等功效，可缓解感冒头痛、鼻塞流涕、风湿关节痛、痛经、下痢等症状。取1~2个西番莲果实、10克白薇根泡酒饮用，可治月经腹痛。取西番莲根、水冬瓜根皮、续断根各15克，玉枇杷叶30克，捣烂调酒敷于患处，可治骨折。

**生长习性：**喜光照，喜温暖至高温湿润气候，不耐寒，对土壤要求不高。

**分布区域：**分布于云南、福建、广东、广西、海南、江西、四川、重庆等地。

**药用小知识：**尤适宜风湿关节痛、神经痛、失眠症、月经痛及下痢患者。

**小贴士：**优质的西番莲应该具有特殊的香味，香味越浓郁，表示成熟度越高。

浆果卵圆球形至近球形，成熟时表面绿色减退，逐渐呈现红色

聚伞花序退化，仅存1花，花形特异

叶互生，掌状三或五深裂，裂片披针形，先端尖，边缘有锯齿，基部心形

茎细，长达4米左右，有细毛，具单条卷须，着生于叶腋处

| 科属：西番莲科、西番莲属 | 药用部位：果实、根、全草 | 性味：果实：味甘、酸，性凉；根：味苦，性温 |
| --- | --- | --- |

# 葡萄

又名提子、蒲桃、草龙珠、山葫芦等。

**药用功效：** 葡萄具有滋补肝肾、健胃生津、益气补血的功效，其根、藤、叶有消肿利尿、安胎的作用，可改善妊娠呕吐、浮肿。葡萄果实入药可改善肺虚咳嗽、脾虚肾亏、气血虚弱、消化不良、倦怠乏力、风湿痹痛、心悸盗汗等症。

**生长习性：** 喜光照，喜温暖气候，对土壤的适应性较强。

**分布区域：** 主产于新疆、甘肃、山西、河北、山东等地。

**药用小知识：** 糖尿病患者及便秘者不宜多食。阴虚内热、津液不足者忌服。肥胖之人也不宜多食。

卷须 2 叉分枝，每隔 2 节间断与叶对生

单叶互生，叶缘有锯齿，叶腋着生复合的芽

浆果多为圆形或椭圆形，直径 1.5~2 厘米，紫色、红色或黄绿色

| 科属：葡萄科、葡萄属 | 药用部位：果实、根、藤、叶 | 性味：味甘、酸，性平 |

# 蛇床

又名蛇床子、野茴香、野胡萝卜等。

**药用功效：** 蛇床的果实即中药蛇床子，具有补肾固阳、祛寒暖宫、燥湿杀虫的功效，阳痿、宫寒不孕、胃寒、湿疹、腹胀、痔疮、风湿关节疼痛者可对症使用。用 50 克蛇床子、10 克白矾，煎煮取汁擦洗阴部，可缓解女性阴部瘙痒。现代研究表明，蛇床子还可以抗心律失常、抗菌、增强非特异性免疫功能、抗炎等。

**生长习性：** 喜温暖湿润的环境，不怕冷和干旱，对土壤的要求不高。生于湖边草地、田边及路旁杂草地。

**分布区域：** 主要分布于河北、山东、江苏、浙江、广西、四川、陕西、山西等地。

叶片三角形或三角状卵形，二至三回三出式羽状分裂

**药用小知识：** 蛇床子有毒，使用时请遵医嘱，并到正规药店或者医疗机构购买。下焦湿热、相火易动或者精关不固者禁用。哺乳期的女性在使用蛇床子前请务必咨询医生，孕妇尽量避免使用。

复伞形花序顶生和腋生

茎直立，具纵棱，被微短硬毛，下部有时带暗紫色

| 科属：伞形科、蛇床属 | 药用部位：果实 | 性味：味辛、苦，性温 |

# 甜瓜

又名香瓜、果瓜、甘瓜等。

**药用功效：** 甜瓜具有清热益气、解暑止渴、消炎利尿的功效，可改善暑热导致的胸闷烦热、食欲不振、干渴燥热、小便不利、热结膀胱等病症。其种子入药可辅助治疗阑尾炎、慢性支气管炎；瓜蒂入药则能缓解食积、胃脘痛、黄疸等症状。

**生长习性：** 喜光照，喜温，耐热，对土壤要求不高，以土层深厚、通透性好、不易积水的沙壤土为佳。

**分布区域：** 全国各地广泛栽培。

**药用小知识：** 甜瓜性寒，凡脾胃虚寒、腹泻便溏者忌服。

果肉白色、黄色或绿色，有香甜味

种子污白色或黄白色，卵形或长圆形

花冠黄色，长2厘米，裂片卵状长圆形

叶片厚纸质，近圆形或肾形，上面粗糙，被白色糙硬毛，边缘不分裂或3~7浅裂

果皮平滑，有纵沟纹或斑纹，无刺状凸起

| 科属：葫芦科、黄瓜属 | 药用部位：果实、种子 | 性味：果实：味甘，性寒；瓜蒂：味苦，性寒 |
| --- | --- | --- |

# 莽吉柿

又名山竹、山竺、凤果等。

**药用功效：** 莽吉柿俗称山竹，具有健脾止渴、消炎镇痛、清热败火、滋阴润燥的功效，脾虚腹泻、口干舌燥、口腔炎、湿疹患者可对症使用。其果皮捣烂外敷有治疗烫伤的作用。

**生长习性：** 对土壤的适应性广，以黏土为佳，排水条件要求高，最好种植在温暖、潮湿、无雨季的地区。

**分布区域：** 原产于印度尼西亚的马鲁古群岛，我国的台湾、福建、广东、广西和云南等地有引种或试种。

**你知道吗？** 山竹的叶子晒干后可用来泡茶，种子可以用来制造肥皂和润滑油，外果皮中的红色素可用来制造黄色染料。

内果皮白色，由4~8瓣组成，为楔形，其中包含无融合生殖种子

外果皮最初为绿色，上有红色条纹，接着整体变为红色，成熟后变为暗紫色

| 科属：藤黄科、藤黄属 | 药用部位：果实、叶 | 性味：味甘、微酸，性平 |
| --- | --- | --- |

# 芭蕉

又名芭苴、板焦、板蕉、大芭蕉头等。

**药用功效：** 芭蕉种子可入药，生芭蕉子具有止咳润肺的功效，熟芭蕉子具有通血脉、填骨髓的功效。芭蕉以根入药，其功效为清热解毒、止渴、利尿，内服可缓解感冒咳嗽、头痛、胃痛、腹痛、崩漏、胎动不安、尿路感染等症；外用可治疗创伤出血、痈疖肿毒。芭蕉叶也可入药，具有清热利尿、解毒的功效，可用于热病、中暑、水肿、脚气、痈肿、烫伤等。芭蕉花入药，具有化痰、散瘀、止痛的功效，有改善胸膈饱胀、脘腹痞胀、吞酸、反胃、呕吐痰涎、头目昏眩、心痛、心悸、风湿疼痛、痢疾等病症的作用。芭蕉油即芭蕉茎的汁，具有清热、止渴、解毒的功效，可治疗热病烦渴、惊风、癫痫、高血压头痛、痈疽疔疮、烫伤等。取15克芭蕉根，加10克山慈菇、15克龙胆草，捣烂，以水送服，可辅助治疗黄疸。将芭蕉根捣烂绞汁抹于患处，可治疗疮口不合。

**生长习性：** 喜温暖，耐寒力弱，耐半阴，适应性较强，生长较快。

叶片长圆形，先端钝，基部圆形或不对称，叶面鲜绿色，有光泽

叶柄粗壮，长达30厘米

茎高达3~4米，不分枝，丛生

浆果三棱状，长圆形，近无柄

**植物形态：** 多年生丛生草本植物，植株高可达4米。茎高达3~4米，不分枝，丛生。叶呈长圆形，先端钝，叶面鲜绿色，有光泽，叶柄粗壮，长可达30厘米。花序顶生，下垂；雄花生于花序上部，雌花生于花序下部。果实为三棱状浆果，长圆形，近无柄，肉质厚实，熟时黄色。种子多数，黑色。

**分布区域：** 分布于上海、湖南、浙江、湖北、贵州、云南、陕西、四川、江苏、广西等地。

**药用小知识：** 胃寒者不宜多吃。芭蕉性寒，孕妇慎服。

**你知道吗？** 芭蕉种植在西汉时就开始了，中唐后慢慢兴起，后来芭蕉在园林种植中的地位逐步提高。芭蕉与竹子的搭配比较常见，二者有"双清"的美誉。

科属：芭蕉科、芭蕉属　　药用部位：种子、根、叶、花　　性味：味甘，性寒

# 大豆

又名黄豆、毛豆、泥豆、马料豆等。

**生长习性：**喜温暖环境，对土壤要求不高，以富含有机质、排水良好的沙壤土为佳。

**分布区域：**全国各地均有分布，以东北产量最高。

种子椭圆形、近球形、卵圆形至长圆形

荚果肥大，稍弯，下垂，黄绿色，长4~7.5厘米，宽8~15毫米，密被褐黄色长毛

叶通常具3小叶，纸质，宽卵形、近圆形或椭圆状披针形

**药用功效：**大豆具有宽中导滞、健脾利水、解毒消肿的功效，可改善痈疮肿毒、妊娠中毒、疳积泻痢等症，还可缓解咽炎、肠炎、口腔炎、结膜炎等疾病的症状。大豆富含钙和磷，可预防小儿佝偻病、老年骨质疏松症等。

| 科属：豆科、大豆属 | 药用部位：荚果、种子 | 性味：味甘，性平 |
| --- | --- | --- |

# 蚕豆

又名胡豆、南豆、竖豆、佛豆、罗汉豆等。

种皮能利尿渗湿。用嫩蚕豆煮粥吃，可润肠和胃，缓解习惯性便秘。

**生长习性：**喜较温暖且略湿润的气候，耐寒性较差，也不耐高温和干旱，最适宜的生长温度为20℃左右。

**分布区域：**以四川栽培最多，其次为云南、湖南、湖北、江苏、浙江、青海等地。

偶数羽状复叶，叶轴顶端卷须短缩为短尖头

**药用功效：**蚕豆具有健脾利湿、解毒消肿的功效，中气不足、倦怠乏力、食欲不振、便秘、带下者可对症使用。其茎入药可止血、止泻，其叶和荚壳入药能止血，其花则用于凉血、止血，其

种脐线形，黑色，位于种子一端

总状花序腋生，花柄近无，花冠蝶形，白色，具红紫色斑纹，旗瓣倒卵形

荚果肥厚，表皮绿色，被茸毛

| 科属：豆科、野豌豆属 | 药用部位：种子 | 性味：味甘、辛，性平 |
| --- | --- | --- |

# 绿豆

又名青小豆、菉豆等。

**药用功效：** 绿豆具有清热解毒、安神益气、消暑利水的功效，感冒发热、湿热瘀滞、头痛目赤、暑热烦渴、上吐下泻、口舌生疮、水肿尿少、生风疹丹毒者可对症使用。将干绿豆粉扑在烧烫伤、疮痈肿毒等患处，可缓解疼痛。

**生长习性：** 喜温热，耐阴性强，适宜与其他作物，特别是禾本科作物间作套种。

**植物形态：** 一年生直立草本植物。茎呈褐色，叶羽状，全缘，先端渐尖，基部阔楔形或浑圆，两面被疏长毛，托叶盾状着生。总状花序腋生，黄绿色。荚果线状圆柱形，平展，长4~9厘米，宽5~6毫米。种子淡绿色或黄褐色，短圆矩形，长2.5~4毫米，宽2.5~3毫米，种脐白色，不凹陷。

**分布区域：** 全国各地均有栽培。

**药用小知识：** 脾虚胃寒、泄泻者不宜服用。

叶全缘，先端渐尖，基部阔楔形或浑圆，两面被疏长毛

**小贴士：** 秋季成熟时采收，挑选晴天，拔取全株，晒干，将种子打落，除去杂质，再晒干。放在干燥通风处保存，定期晾晒，防止虫蛀。

**古籍名医录：** 《本草求真》："味甘气寒，据书备极称善，有言能厚肠胃、润皮肤、和五脏及资脾胃，按此虽用参、芪、归、术，不是过也。"

荚果线状圆柱形

种脐白色，不凹陷

绿豆经水浸泡后，可发出嫩芽

| 科属：豆科、豇豆属 | 药用部位：种子 | 性味：味甘，性寒 |
|---|---|---|

# 豌豆

又名麦豌豆、寒豆、麦豆、雪豆、华豆、麻累、国豆等。

**药用功效：** 豌豆具有益气消肿、通便通乳的功效，可缓解燥热烦闷、脾胃不适、泻痢、呕吐、心腹胀痛、乳汁不通等症状。青豌豆煮熟淡食或用豌豆苗捣烂榨汁服用，皆可通乳。

**生长习性：** 喜光照，喜冷冻湿润气候，耐寒，不耐热，对土壤要求不高，在排水良好的土地均可栽植，以疏松肥沃、富含有机质的中性土壤为佳。

**分布区域：** 主要分布于四川、河南、湖北、江苏、青海等地。

**药用小知识：** 尿路结石、皮肤病和慢性胰腺炎患者不宜用。糖尿病患者、消化不良者慎用。

花白色或紫红色，单生或1~3朵排列成总状腋生

荚果长椭圆形，顶端斜急尖

种子圆形，青绿色，干后变黄色

全株绿色，光滑无毛，被粉霜，小叶卵圆形，长2~5厘米，宽1~2.5厘米，全缘

| 科属：豆科、豌豆属 | 药用部位：种子 | 性味：味甘，性平 |
|---|---|---|

# 扁豆

又名蓣豆、火镰扁豆、膨皮豆、藤豆、沿篱豆、鹊豆、查豆等。

**药用功效：** 扁豆具有祛暑除湿、健脾和中的功效，还可解酒毒、河豚之毒。将扁豆煮熟后嚼食或煮汁喝，可解草木之毒。将扁豆研末，用醋送服，可治呕吐、腹泻等症。

**生长习性：** 种子的适宜发芽温度为22~23℃，植株能耐35℃左右高温，根系发达、耐旱力强，对各种土壤适应性强。

**分布区域：** 分布于山西、陕西、甘肃、河北、河南、云南等地。

**药用小知识：** 患寒热病、疟疾、冷气者忌服。

小叶菱状广卵形，两面沿叶脉处有白色短柔毛

总状花序腋生，花冠白色或紫红色

种子3~5颗，扁，长圆形，白色或紫黑色

荚果扁，镰刀形或半椭圆形，长5~7厘米

| 科属：豆科、扁豆属 | 药用部位：荚果、种子 | 性味：味甘，性平 |
|---|---|---|

# 落花生

又名花生、长生果、番豆、地豆等。

**药用功效：**落花生俗称花生，具有健脾和胃、益气补血、润肺利肾、通乳的功效，可改善脾虚消瘦、食欲不振、倦怠无力、干咳、乳汁不足等症。

**生长习性：**适宜气候温暖、雨量适中的环境，以沙壤土为佳。

**植物形态：**一年生草本植物。根部有丰富的根瘤。茎直立或匍匐，茎和分枝均有棱，被黄色长柔毛，后变无毛。叶通常具小叶 2 对，卵状长圆形至倒卵形，具纵脉纹，纸质，全缘，两面被毛，先端钝或有细尖。花长约 8 毫米，苞片披针形，花冠黄色或金黄色。荚果外皮粗糙，多数带方格花纹，黄白色，也有黄褐色、褐色或黄色。种子红色或淡红色，横径 0.5~1 厘米。

**分布区域：**分布于辽宁、山东、河北、河南、江苏、福建、广东、广西、贵州、四川等地。

叶通常具小叶 2 对，具纵脉纹，被毛，卵状长圆形至倒卵形

果实外皮粗糙，多数带有方格花纹，黄白色，也有黄褐色、褐色或黄色

茎直立或匍匐，茎和分枝均有棱，被黄色长柔毛，后变无毛

**药用小知识：**将花生连红衣一起与红枣配合服用，既可补虚，又能止血。

**你知道吗？**花生具有滋养补益的功效，其营养价值高于一般的豆类。在我国，民间称其为"长生果"，它与大豆一起被誉为"素中之荤"。花生仁的用途很广，既是深受人们喜爱的干果零食，又是制作各种菜肴、糕点、糖果的原料，还能用来榨油。

种子红色或淡红色，横径 0.5~1 厘米

| 科属：豆科、落花生属 | 药用部位：种仁、叶 | 性味：味甘，性平 |

# 胡桃

又名核桃、羌桃、万岁子、长寿果等。

**药用功效：**胡桃又称核桃，其仁具有补肾壮阳、固精益血、化痰止咳、润肠止燥的功效，足膝痿弱、便秘、肾虚、虚寒咳嗽者可对症使用。取100克鲜核桃仁、10克蜂蜜，捣制拌匀入消毒瓷瓶密封备用，每次以温开水送服1汤匙，每天2~3次，可治神经衰弱、慢性咳嗽。取500克核桃仁，用麻油炸核桃仁至酥脆，沥油捞出，每天服用50克，可治疗泌尿结石。

**生长习性：**喜光照，耐寒，抗旱，抗病能力强，以肥沃湿润的沙壤土为佳，对水肥要求不高。

**植物形态：**落叶乔木，树高3~5米。根系粗壮，发达，深入地下。树皮灰白色，浅纵裂，枝条髓部片状。奇数羽状复叶，具小叶5~9枚；顶生小叶通常较大，椭圆状卵形至椭圆形，先端急尖或渐尖，基部圆形或楔形。雄性葇荑花序常下垂，花药黄色，无毛；雌花的总苞被极短腺毛，柱头浅绿色。果实椭圆形或近圆形，果皮坚硬，肉质，灰绿色，内部坚果球形，黄褐色，表面有不规则槽纹，果肉呈大脑形。

奇数羽状复叶，具小叶5~9枚

雄花为柔荑花序

树皮灰白色，浅纵裂，枝条髓部片状

**分布区域：**全国大部分地区均有分布。

**药用小知识：**腹泻、阴虚火旺、痰热咳嗽、内热素盛及痰湿重者忌服。

**小贴士：**9~10月果实成熟后，采收果实后除去肉质果皮，反复晾晒，敲破果壳，取出种仁。放置在阴凉干燥处保存。

顶生小叶通常较大，椭圆状卵形至椭圆形

果实椭圆形或近圆形，果皮坚硬

内部坚果球形，黄褐色

| 科属：胡桃科、胡桃属 | 药用部位：果实、种子 | 性味：味甘，性温 |
|---|---|---|

# 刀豆

又名挟剑豆、野刀板藤、葛豆、刀豆角等。

**药用功效：** 刀豆具有补肾、通经、镇痛、散瘀的功效，可缓解肾虚、闭经、胃痛、腰痛、久痢、呕吐、跌打损伤等症状。将刀豆炒干研粉，用红糖、姜汤送服，每天3次，可改善咳喘。

**生长习性：** 喜温暖，不耐寒霜，对土壤要求不高，以排水良好、疏松肥沃的沙壤土为佳。

**分布区域：** 分布于广东、海南、广西、四川、云南、湖南、江西、湖北、江苏、山东、浙江、安徽、陕西等地。

**药用小知识：** 胃热炽盛者及孕妇忌服。

总状花序腋生，花冠蝶形，淡红色或淡紫色

三出复叶，小叶卵形，顶端渐尖，基部宽楔形或近圆形，全缘，两面无毛

莢果带状，扁而略弯曲，先端弯曲或呈钩状，边缘有隆脊，内含种子10~14粒

种子椭圆形或长椭圆形，种皮红色或褐色

| 科属：豆科、刀豆属 | 药用部位：种子 | 性味：味甘，性温 |
|---|---|---|

# 菟丝子

又名吐丝子、菟丝实、无娘藤、无根藤等。

**药用功效：** 菟丝子具有补肾壮阳、养肝明目、安胎止泻的功效，水煎内服可改善阳痿遗精、小便失禁、头晕耳鸣、胎动不安、食少便溏等症；捣烂外敷，可治白癜风。菟丝子搭配鹿茸、附子、枸杞、巴戟天等，可温补肾阳；还可以与熟地、车前子、枸杞配伍，能养肝明目。现代研究表明，菟丝子具有保胎、抗衰老、保护肝脏等作用。

**生长习性：** 生于田边、路边荒地、灌木丛中、山坡的向阳处，多寄生在豆科、菊科、蓼科等植物上。

**分布区域：** 分布于广西、广东、海南、福建、云南、贵州、四川、内蒙古、湖南、台湾等地。

**药用小知识：** 阴虚火旺、阳强不痿及大便燥结者禁服。

**你知道吗？** 菟丝子是大豆区的有害杂草，对很多其他农作物有危害，它能影响植物生长和观赏效果，甚至让植物死亡。

花两性，少花或多花簇生成小伞形或小团伞花序

茎缠绕，黄色，纤细，多分枝，随处可生出寄生根，伸入寄主体内

| 科属：旋花科、菟丝子属 | 药用部位：种子 | 性味：味辛、甘，性平 |
|---|---|---|

# 薏苡

又名药玉米、水玉米、晚念珠等。

**药用功效：** 薏苡以种仁入药，具有健脾利湿、清热排脓、除痹止泻的功效，可用于脾虚腹泻、风湿痹痛、肺痈、肠痈、肝硬化腹水、阑尾炎、扁平疣等病症的调理。

**生长习性：** 喜湿润环境，多生于海拔 200~2 000 米的池塘边、河沟里或山谷中。

**分布区域：** 全国大部分地区均有分布。

**药用小知识：** 脾虚无湿者、孕妇及经期妇女忌服。阳虚怕冷、汗少、便秘者少食。

**小贴士：** 挑选薏苡仁时，以粒大充实、色白、无皮碎者为佳。

叶大型，线状披针形，绿色无毛

颖果外包坚硬花苞，近球形

| 科属：禾本科、薏苡属 | 药用部位：种仁 | 性味：味甘、淡，性凉 |
| --- | --- | --- |

# 白豆蔻

又名豆蔻、圆豆蔻、原豆蔻等。

**药用功效：** 白豆蔻具有燥湿散寒、健胃消食、行气温中的功效，可改善胃寒腹痛、脘腹胀痛、呕吐、食欲不振等症。取白豆蔻、栀子各 30 克，研末，加适量姜汁糊成丸，米汤送服，每天 2 次，每次 5 克，可缓解郁热胃痛。取 3 克白豆蔻，加 10 克竹茹、3 枚红枣、3 克生姜，煎汁，红糖水调服，可改善妊娠呕吐。现代研究表明，白豆蔻具有抗炎、抗菌、抗肿瘤、止呕、保护肺脏等作用。目前，白豆蔻还被用于腹部手术后胃肠功能障碍的调理。

**生长习性：** 生于山沟阴湿处。

**分布区域：** 主产于海南、云南、广西等地。

**药用小知识：** 阴虚内热、胃火偏盛、口干口渴、大便燥结、干燥综合征及糖尿病患者忌用。

叶片卵状披针形，先端渐尖

蒴果近球形

种子类球形或椭圆形

| 科属：姜科、豆蔻属 | 药用部位：果实 | 性味：味辛，性温 |
| --- | --- | --- |

# 连翘

又名连壳、黄花条、黄链条花、黄奇丹、青翘、落翘、空壳、空翘等。

**药用功效：** 连翘具有清热解毒、消肿散结、疏散风热的功效，风热感冒、心烦胸闷、喉咙疼痛、口舌生疮者可对症使用。其叶水煎内服可治咽喉肿痛。现代药理研究表明，连翘具有抗病原微生物、抗炎、抗内毒素、抗氧化、调节免疫力等作用。

**生长习性：** 喜温暖湿润气候，耐寒，耐干旱、瘠薄，怕涝，对土壤要求不高。

**植物形态：** 落叶灌木，高 2~4 米。枝开展或伸长，稍带蔓性，常着地生根，小枝黄色或浅褐色，稍呈四棱形。单叶对生，或分为 3 小叶，叶片卵形、长卵形、广卵形至圆形；叶上面深绿色，下面淡黄绿色，两面无毛。花先叶开放，椭圆形，花冠基部管状，先端钝或锐尖，金黄色，通常具橘红色条纹。果实长卵形至卵形，表面绿褐色，质硬。

**分布区域：** 分布于辽宁、河北、河南、山东、江苏、湖北、江西、云南、山西、陕西、甘肃等地。

花冠金黄色，通常具橘红色条纹

枝开展或伸长，常着地生根

单叶对生，叶片卵形、长卵形、广卵形以至圆形

**药用小知识：** 脾胃虚弱、气虚发热、痈疽已溃、脓稀色淡者忌服。正在服用乳酶生、维生素 C 等药物者，使用本品前务必咨询医生。

**品种鉴别：** 迎春和连翘同属木樨科落叶灌木，形态相似，鉴别它们可从以下几点着手：迎春花每朵有 6 枚花瓣，连翘只有 4 枚；迎春花的小枝为绿色，连翘的小枝一般为浅褐色；迎春花很少结果，连翘一般都会结果。

**你知道吗?** 连翘可以制造肥皂、化妆品、绝缘漆、润滑油等，还可精炼食用油。连翘提取剂也可以用作天然防腐剂。

果实长卵形至卵形，稍扁，表面有不规则的纵皱纹及多数凸起的小斑点

小枝黄色或浅褐色，稍呈四棱形

| 科属：木樨科、连翘槲 | 药用部位：果实、茎叶、根 | 性味：味苦，性微寒 |
| --- | --- | --- |

# 胡椒

又名玉椒、浮椒、昧履支、披垒等。

**药用功效：** 胡椒具有调五脏、暖肠胃、温中、下气、消痰、解毒的功效，可治寒痰食积、脘腹冷痛、寒湿反胃、呕吐清水、泄泻、冷痢、白带异常等。取胡椒数粒，研末后贴敷于脐部，可治腹痛泄泻。取适量胡椒粒，以白酒浸泡7天，滤去药渣，将酒涂于患处，每日一次，可治冻伤。现代研究表明，胡椒中所含的胡椒碱具有抗氧化、抗癫痫、免疫调节的作用。

**生长习性：** 热带温湿型植物。适合生于年平均温度为22~28℃、年降雨量为1 800~2 800毫米的地区，以土层深厚、通气、保水力强的微酸性沙壤土为佳。

**植物形态：** 木质攀缘藤本植物，长可达5米。茎和枝无毛，节膨大。叶厚，近革质，阔卵形至卵状长圆形，稀有近圆形，先端短尖，基部圆，常稍偏斜，两面均无毛。花通常单性，雌雄同株，无花被，花序与叶对生，短于叶或与叶等长；苞片匙状长圆形下部贴生于花序轴上，上部呈浅杯状。浆果球形，无柄，成熟时红色。

浆果球形，无柄，初生时暗绿色，成熟时红色

叶厚，近革质，阔卵形至卵状长圆形，两面均无毛

茎和枝无毛，节膨大

白胡椒呈灰白色或淡黄白色，表面平滑，有多数浅色线状条纹

黑胡椒呈黑褐色，表面网状隆起，质硬，断面黄白色，粉性

**分布区域：** 原产于东南亚地区，在我国的台湾、福建、广东、广西、海南及云南等地均有栽培。

**药用小知识：** 阴虚内热、内有实热者忌服。消化道溃疡、痔疮及眼疾患者慎用。

| 科属：胡椒科、胡椒属 | 药用部位：果实 | 性味：味辛，性热 |
| --- | --- | --- |

# 草棉

又名小棉、阿拉伯棉等。

**药用功效：**草棉子为草棉的种子，具有祛风寒、温肾、补虚、止血、止痛的功效，阳痿、腰膝冷痛、肠风下血、盗汗不止、乳汁不通、胃痛、血崩、痔血、便血者可对症使用。用草棉子和槐树梗、叶，煎汤洗熏患处，可治痔疮。取 1 千克草棉子，炒热，加入少量食盐水，用布包裹敷于患处，可治风湿性腰痛。新草棉子炒至黑黄色，研末，用温开水或淡姜汤送服，每天 1~2 次，每次 10 克，可治胃寒作痛。

**生长习性：**喜光照，喜高温，最适宜的生长温度为 25~30℃。

**分布区域：**主产于广东、江苏、湖北、四川、山东、河北、河南、甘肃、新疆等地。

**药用小知识：**阴虚火旺者忌服。肾阴不足、精液不固、下焦湿热者不宜服用。草棉子有毒，使用时谨遵医嘱。

种子大，斜圆锥形，被白色长棉毛和短棉毛

叶互生，被长柔毛，叶掌状 5 裂，通常宽超过于长，裂片宽卵形，先端短尖，基部心形

蒴果卵圆形，具喙，通常 3~4 室

| 科属：锦葵科、棉属 | 药用部位：种子、根 | 性味：味辛，性热 |
|---|---|---|

# 牵牛

又名朝颜、喇叭花、筋角拉子、大牵牛花、勤娘子等。

**药用功效：**牵牛子为牵牛的种子，具有泄水、通便、止咳化痰、消肿、杀虫的功效，水煎内服可缓解小便不利、便秘、气逆咳嗽、痰多、虫积腹痛、水肿、腹水等症状。它还常与葶苈子、杏仁、橘皮等搭配使用，多用于改善肺虚、咳喘、浮肿症状。

**生长习性：**喜气候温和、光照充足、通风适度的环境，对土壤适应性强，较耐干旱、盐碱，也耐高温酷暑。

**分布区域：**全国各地均有分布。

**药用小知识：**牵牛子有小毒，不可多服。孕妇及胃弱气虚者忌服。

花序梗长短不一，通常短于叶柄，有时较长

花冠漏斗状，花冠管色淡

种子卵状三棱形，黑褐色或米黄色

叶宽卵形或近似圆形，叶面或疏或密被微硬的柔毛

| 科属：旋花科、虎掌藤属 | 药用部位：种子 | 性味：味苦，性寒 |
|---|---|---|

# 麦蓝菜

又名灯盏窝、大麦牛、王不留行等。

**药用功效：** 麦蓝菜的种子为中药王不留行，具有活血下乳、通经活络、消肿镇痛、利尿通淋的功效，闭经、痛经、行经不畅、乳汁不下、乳痈肿痛者可对症使用。将王不留行的茎叶阴干，煎成浓汁后温服，可治疗鼻血不止。取等量的王不留行、香白芷，研成粉末后撒在头皮上，8小时后洗去，可缓解头风白屑。现代研究表明，王不留行还可以抗凝、抗肿瘤、扩血管、收缩子宫、催乳等。

**生长习性：** 生于草坡、荒地或麦田中，为麦田常见杂草。

**分布区域：** 主要分布于河北、山东、辽宁、黑龙江等地，以河北地区的产量最大。

**药用小知识：** 孕妇忌服。血虚无瘀滞者、失血病及崩漏病患者禁用。哺乳期女性应在医生指导下使用。有研究显示，王不留行煎剂可能会引起光敏性皮炎，症状为面部以及双手水肿，服用该药后有此症状者应立刻就医。

叶片卵状披针形或卵状椭圆形，基部圆形或近心形

聚伞花序稀疏，花瓣淡红色，花柱线形，微外露

根为主根系

| 科属：石竹科、石头花属 | 药用部位：茎叶、种子 | 性味：味苦，性平 |
| --- | --- | --- |

# 蒺藜

又名白蒺藜、名茨、旁通、屈人等。

**药用功效：** 蒺藜以果实入药，具有清热解毒、疏肝解郁、明目止痒、活血通络的功效，目赤、风疹瘙痒、头痛眩晕者可对症使用。取蒺藜煎汤沐浴，每日一次，可改善通身浮肿的症状。取50克蒺藜子、25克猪牙皂荚，研成粉末，用盐水服下，可缓解便秘。现代研究表明，蒺藜可以抗过敏、抗衰老、治疗心肌缺血、抗动脉粥样硬化、抗凝等。

**生长习性：** 适应性强，对土壤要求不高，但以疏松、肥沃的沙壤土为佳。生于田野、路旁及河边草丛。

**分布区域：** 主要分布于河南、河北、山东、安徽、江苏、四川、山西、陕西等地。

**药用小知识：** 气血虚弱者、孕妇禁用。蒺藜有小毒，不可以擅自调整药量，以免中毒，如有需求，可在专业医生指导下谨慎使用。

二回偶数数羽状复叶，对生，上面仅中脉及边缘疏生细柔毛，下面毛较密

花单生于叶腋间，萼片卵状披针形，花瓣黄色

| 科属：蒺藜科、蒺藜属 | 药用部位：果实 | 性味：味辛、苦，性微温 |
| --- | --- | --- |

# 蓖麻

又名大麻子、老麻子、草麻等。

**药用功效：** 蓖麻具有活血消肿、清热解毒、祛风散寒、止痒止痛的功效，湿疹、疮疡肿毒、皮肤瘙痒、风湿关节痛者可对症使用。取蓖麻子研成粉末，用纸卷成筒状，烧出烟，熏喉部，可辅助治疗咽喉肿痛。现代研究显示，蓖麻子还具有抗炎、镇痛、抗肿瘤等功效。

**生长习性：** 喜高温，不耐霜，对酸、碱性土壤适应性强，常生于村旁疏林或河流两岸冲积地。当气温稳定在 10℃ 时即可播种，也可育苗移栽。

**植物形态：** 蓖麻单叶互生，叶片盾状圆形，掌状分裂至叶片的一半以下。雌雄同株，圆锥花序与叶对生及顶生，下部生雄花，上部生雌花，无花瓣；雄蕊多数，花丝多分枝；花柱深红色。

**分布区域：** 主要分布于华北、东北地区，西北和华东地区也有分布。

叶轮廓近圆形，长和宽达 40 厘米或更大，掌状深裂，叶柄粗壮、中空

小枝、叶和花序通常被白霜，茎多液汁

蒴果卵球形或近球形，长 1.5~2.5 厘米，果皮具软刺或平滑

**药用小知识：** 大便溏稀者忌用。孕妇禁用。蓖麻的种子含蓖麻毒素，未经加热处理，不得内服，服用时也要严格按照医生的嘱咐，不得擅自增加或者减少服用量。蓖麻子无论是内服还是外用，毒性都非常强，切勿自行用药。

雄花萼片卵状三角形；雌花萼片卵状披针形，密生软刺或无刺，花柱红色

**小贴士：** 不能用铁质容器研磨或煎煮蓖麻子。

| 科属：大戟科、蓖麻属 | 药用部位：种子、果实 | 性味：味甘、辛，性平 |
| --- | --- | --- |

# 曼陀罗

又名洋金花、曼荼罗、满达、曼扎、曼达、醉心花等。

**药用功效：** 曼陀罗具有平喘、祛风、镇痛的功效，气喘、咳嗽、神经痛、风湿痹痛、疮疖肿毒患者可对症使用。取其子5克，泡酒300毫升服用，每次15毫升，可治疗跌打损伤；取其子1对，加16个橡碗，捣碎水煎，令水

沸腾3~5次，加入朴硝后热洗，可改善脱肛之症。现代研究表明，曼陀罗子有抗氧化的作用。

**生长习性：** 以温暖向阳、排水良好的沙壤土为佳，常生于住宅旁、路边或草地上。

**分布区域：** 全国各地均有栽培。

**药用小知识：** 全草有毒，以果实和种子毒性最大，嫩叶次之，用药应谨遵医嘱。无瘀积者、体虚者忌用。外感和痰热咳喘者禁用。青光眼患者、高血压病患者、心动过速者禁用。正在服用碘化钾等药物者，使用本品前务必咨询医生。

**小贴士：** 曼陀罗观赏性很强，但是一般不在室内种植，因为曼陀罗有剧毒，花香还会致幻，即使在室外种植也需要特别小心。

叶广卵形，顶端渐尖，基部不对称楔形，有不规则波状浅裂

花单生于枝杈间或叶腋，花冠漏斗状，下半部带绿色，上部白色或淡紫色

蒴果直立生，卵状，表面生有坚硬针刺或有时不刺而近平滑，成熟后淡黄色

茎粗壮，圆柱状，淡绿色或带紫色，下部木质化

| 科属：茄科、曼陀罗属 | 药用部位：种子、果实、花、叶 | 性味：味辛，性温 |
|---|---|---|

# 栝楼

又名瓜蒌、天瓜、地楼、泽姑、药瓜、果裸等。

**药用功效：** 栝楼具有润肺化痰、清热止咳、止渴生津的功效，可缓解咳嗽痰多、大便燥结、胸痹肋痛、燥热干渴等症状。栝楼的果实研成粉末，外敷于患处，可以治疗痈肿。栝楼的根，搭配贝

母、知母、秦艽、黄芩等，可治发热病症。现代研究表明，栝楼还具有抗肿瘤、抑菌的作用。

**生长习性：** 较耐寒，不耐干旱。以土层深厚、疏松肥沃的沙壤土为佳。

**分布区域：** 主产于山东、安徽、河南等地。

**药用小知识：** 尤适宜咳嗽痰多、身热烦满、胸痹肋痛、大便燥结者。脾胃虚冷、大便泄泻者禁用。长期或大量服用，可能引起胃部不适，产生恶心呕吐、腹泻腹痛等症状，这时需要立刻停药就医。正在服用川乌、制川乌、草乌等药物者，使用本品前务必咨询医生。

茎多分枝，无毛

总花柄上部为总状花序，少有单生

果实近球形，熟时橙红色

叶互生，近圆形或心形，表面疏生短伏毛或无毛

| 科属：葫芦科、栝楼属 | 药用部位：果实、种子、根 | 性味：味甘、微苦，性寒 |
|---|---|---|

# 栀子

又名黄栀、山栀、白蟾、越桃等。

**药用功效：** 栀子具有清热解毒、消肿止痛、保肝利胆、止血、利湿、去火除烦、明目安神的功效，水煎内服可缓解头痛发热、肝火目赤、口舌生疮、湿热黄疸、肿毒、肿痛、心烦气躁等症状。用于散热、止痛、消肿时，常搭配金银花、连翘、蒲公英使用。取鲜栀子 100 克，水煎口服，可改善尿血、淋证。现代研究表明，栀子具有促进胆汁分泌、抗炎、镇痛、降血糖、降血脂、抗病毒、抗氧化等作用。

**生长习性：** 喜温暖湿润气候，以疏松肥沃、排水良好的酸性土壤为佳。

**植物形态：** 灌木，高 0.3~3 米。嫩枝常被短毛，圆柱形，灰色。叶对生，或为 3 枚轮生，革质，稀为纸质，叶形多样，通常为长圆状披针形、倒卵状长圆形、倒卵形或椭圆形，顶端渐尖、骤然长渐尖或短尖而钝。花单生于枝端或叶腋，白色，气味芳香。种子多数，扁椭圆形或扁矩圆形，聚成球状团块，棕红色。

**分布区域：** 分布于中南、西南地区，以及江苏、安徽、浙江、江西、福建、台湾等地。

花单生于枝端或叶腋，白色，气味芳香

嫩枝常被短毛，枝圆柱形，灰色

**药用小知识：** 栀子性寒，容易伤脾胃，脾虚便溏者慎用。

**你知道吗？** 栀子是我国秦汉时期应用比较广的染料，染出的颜色是黄色，如果想要黄色深一点，可加适量醋，但是这样染出来的布匹不耐晒，因此宋代以后改用槐花染布。

果实近球形、卵形至长圆形，黄色或橙红色，具纵棱

**古籍名医录：**《本草纲目》："《别录》曰：栀子生南阳川谷。九月采实，曝干。三种小异，以七棱者为良。经霜乃取，入染家用，于药甚稀。时珍曰：栀子，叶如兔耳，浓而深绿，春荣秋瘁。入夏开花，大如酒杯，白瓣黄实，薄皮细子有须，霜后收之。蜀中有红栀子，花烂红色，其实染物则赭红色。"

叶对生或 3 叶轮生，革质

| 科属：茜草科、栀子属 | 药用部位：果实、花、根 | 性味：味苦，性寒 |

# 紫苏

又名白苏、赤苏、红苏、香苏、黑苏、白紫苏、青苏、野苏等。

**药用功效：** 紫苏常以果实入药，具有发汗祛寒、散风解表、宽中理气的功效，风寒感冒、脾胃失调、胸闷腹痛、妊娠呕吐者可对症使用。紫苏可以内服，也可以外用。外用时，可取适量紫苏，捣碎后敷在患处，或者研磨成粉末敷在患处，或者煎汤擦洗患处，可治疗痔疮。取 15 克紫苏叶、6 克红糖，加水煎煮内服，可缓解受凉所致的腹泻。现代研究表明，紫苏可以促进胃肠蠕动、抗菌、抗过敏、降血脂等。

**生长习性：** 喜温暖湿润，耐湿，耐涝，不耐干旱，适应性很强，对土壤要求不高。

叶阔卵形或圆形，长 7~13 厘米，宽 4.5~10 厘米，先端短尖或突尖，基部圆形或阔楔形

茎钝四棱形，紫色、绿紫色或绿色，有长柔毛，以茎节部较密

叶膜质或草质，两面绿色或紫色，或仅下面紫色，上面被疏柔毛，下面被贴生柔毛

**植物形态：** 紫苏茎高 0.3~2 米，呈绿色或紫色，钝四棱形，具四槽，密被长柔毛。叶阔卵形或圆形，先端短尖或突尖，基部圆形或阔楔形，边缘在基部以上有粗锯齿，膜质或草质，两面绿色或紫色，或仅下面紫色，上面被疏柔毛，下面被贴生柔毛。

**分布区域：** 主要分布于浙江、江西、湖南等地。

**药用小知识：** 脾虚便溏、肺虚咳喘、患温病以及气弱表虚者，禁用紫苏。

**你知道吗？** 越南人会在一些菜中加入紫苏，或者将紫苏摆放在米粉上作为装饰。

**小贴士：** 采集紫苏最好选择晴天，香气足，亦方便干燥。

小坚果近球形，灰褐色，直径约 1.5 毫米，具网纹

| 科属：唇形科、紫苏属 | 药用部位：果实、茎叶 | 性味：味辛，性温 |
|---|---|---|

# 苍耳

又名菜耳、粘头婆、虱马头、老苍子等。

**药用功效：** 苍耳具有祛寒祛湿、疏风止痛、通利经络等功效，可以缓解风寒感冒所致的头痛、鼻塞，还可以缓解风寒湿痹、四肢拘挛疼痛、风疹、腰腿风湿性疼痛、慢性鼻炎、鼻窦炎等症。苍耳全草可治麻风、腮腺炎、荨麻疹、湿疹、疮痛热痛。苍耳子消风止痒效果明显，常用于皮肤病的辅助治疗。取 25 克苍耳子，微炒后研成粉末，用黄酒冲服，可治疗疔疮恶毒。

**生长习性：** 常生于平原、丘陵、低山、荒野路边、田边。

**植物形态：** 苍耳为一年生草本植物，高 20~90 厘米。茎直立不分枝或少有分枝，下部圆柱形，上部有纵沟，被灰白糙伏毛。叶三角状卵形或心形，长 4~9 厘米，宽 5~10 厘米，通常 3~5 片浅裂，两面均有短毛。头状花序顶生或腋生，花单性，雌雄同株。瘦果成熟时会变坚硬，外表面有疏生的具钩的刺，刺极细而直。苍耳果实常贴附于家畜和人的身体上，故易于散布。

叶互生，叶片三角状卵形或心形，两面均有短毛

茎直立不分枝或少有分枝

**分布区域：** 主要分布于黑龙江、辽宁、吉林、内蒙古、河北、河南等地。

**药用小知识：** 苍耳的茎、叶中皆含有对神经及肌肉有毒的物质，应慎服。血虚头痛、痹痛者忌服。苍耳幼苗有剧毒，误食可能会导致肾脏损害，甚至导致死亡，所以用量不能过多，也不可长期使用，用药前务必咨询医生。

**古籍名医录：**《神农本草经》："主风头寒痛，风湿周痹，四肢拘挛痛，恶肉死肌。"《本草汇言》："枲耳实，通巅顶，去风湿之药也。甘能益血，苦能燥湿，温能通畅，故上中下　身风湿众病不可缺也。"

瘦果成熟时会变坚硬

外表面有疏生的具钩的刺

| 科属：菊科、苍耳属 | 药用部位：果实、茎叶 | 性味：味辛、苦，性温 |
| --- | --- | --- |

# 青葙

又名草蒿、姜蒿、昆仑草、野
鸡冠、鸡冠苋等。

**药用功效：** 青葙有燥湿清热、杀
虫止痒、凉血止血等功效。现代
研究表明，其还有降血脂、降血
压、强化肝脏的功能，并可改善
视力、听力。用青葙搭配鱼肉、
豆腐、海带等富含蛋白质、脂
肪及钙质等的食材同食，还能

起到清心火、降肝燥、宁神益智
的作用。
**生长习性：** 生于坡地、路边、较
干燥的向阳处。
**分布区域：** 分布于陕西、江苏、
安徽、上海、浙江、江西、福建、
台湾、湖北、湖南、海南、广东、
广西、四川、云南、西藏等地。
**药用小知识：** 青光眼患者以及瞳
孔散大者忌用青葙子。因为青葙
子有扩散瞳孔的作用，部分人群
服用青葙子可能出现视力模糊
的现象。

花多数，密生，在茎端或枝端成单一、
无分枝的塔形或圆柱形穗状花序

**小贴士：** 青葙寿命长、耐修剪，
且极易做造型，可用来制作盆景。
将青葙切花放在花瓶里养，存活
的时间也比一般植物长。

叶片矩圆披针
形、披针形或
披针状条形

| 科属：苋科、青葙属 | 药用部位：种子、茎叶、根 | 性味：味苦，性寒 |

# 地肤

又名地麦、落帚、扫帚苗、扫
帚菜、孔雀松等。

**药用功效：** 地肤主要以果实入药，
其果实为地肤子，具有清热解毒、
祛湿止痒、散风发汗、明目利肝、
利尿通水的功效，风疹、淋病、
疝气、阴囊湿疹患者可对症使用。
地肤的苗和茎叶有利尿消肿、清

热明目的作用。现代研究表明，
地肤子可以降血糖、抗过敏、抗
炎、抗菌及抗真菌。
**生长习性：** 喜阳光、温暖气候，
不耐寒，耐盐碱，一般生于路旁、
田边和荒地，适应性非常强，对
土壤要求不高。
**分布区域：** 全国大部分地区均
有分布。

**药用小知识：** 内无湿热、小便过
多、脾胃虚寒者慎用。
**你知道吗？** 地肤的种子能榨油，
枯叶可用作肥料。

单叶互生，叶
呈线形或条形

茎基部半木质化

| 科属：苋科、沙冰藜属 | 药用部位：果实、全草 | 性味：味辛、苦，性寒 |

# 葶苈

又名葶苈子、宽叶葶苈、光果葶苈等。

**药用功效:** 葶苈子具有利肺平喘、利水消肿、祛痰止咳的功效,可缓解痰多咳嗽、胸闷气喘、肺热流涎、胸腹水肿、小便不利等症状。鲜品煎服利水消肿效果明显,治疗痰多喘咳时要炒服,治疗肺虚痰多喘咳则用蜜炙。现代研究表明,葶苈具有调节血脂、强心、利尿等作用。

**生长习性:** 生于田边、路旁、山坡草地及河谷湿地。

**分布区域:** 全国各地均有分布。

**药用小知识:** 肺虚喘咳、脾虚肿满者忌服。正在服用僵蚕等药物者,使用本品前务必咨询医生。

**小贴士:** 品质上乘的葶苈子颗粒应为黄棕色,颜色均匀,质地充实,且没有杂质。

总状花序有花 25~90 朵,密集成伞房状

种子椭圆形,褐色,种皮有小疣

茎直立,高 5~45 厘米,单一或分枝

| 科属:十字花科、葶苈属 | 药用部位:种子、茎叶 | 性味:味辛、苦,性寒 |
| --- | --- | --- |

# 莲

又名菡萏、芙蓉、芙蕖、荷花、莲花等。

**药用功效:** 莲子具有安神益智、健脾补肾、益气固精、强心健脑的功效,莲心则可清心、去热、涩精、止血。常用于痢疾、泄泻、遗精、崩漏、带下等症。

**生长习性:** 对土质要求不高,喜高温多湿、日照充足又没有强风的环境,繁育适温为 20~30℃。

**分布区域:** 全国各地均有栽培。

**药用小知识:** 体质虚寒者慎服。大便干结、腹部胀满者忌服。

花色有红、粉红、蓝、紫、白等,花瓣有单瓣、多瓣、重瓣

坚果椭圆形、卵形或卵圆形,千粒重 1100-1400 克

叶全缘,上面光滑,具白粉,下面叶脉从中央射出

| 科属:莲科、莲属 | 药用部位:种子、根茎 | 性味:味甘,性寒 |
| --- | --- | --- |

# 真菌及藻类

真菌是真核生物，不属于植物，没有叶绿素，不能进行光合作用，以孢子进行繁殖。藻类是原生生物界的真核生物或原核生物，主要水生，无维管束，能进行光合作用。藻类的概念古今不同，在中国古代，藻类是对水生植物的总称，即泛指生长在水中的植物，亦包括某些水生的高等植物。常见的可药用真菌及藻类有冬虫夏草、灵芝、海带等。

# 冬虫夏草

又名中华虫草、虫草等。

**药用功效：** 冬虫夏草具有止咳平喘、补肺益肾、化痰散寒的功效，可改善久咳、痰多、气喘、产后虚弱、阳痿、阴冷等病症。它还具有降血压、降胆固醇、抑制血栓、减慢心率、抗心肌缺血和缺氧、消炎抗菌、抗病毒、抗肺纤维化、调节免疫功能等作用。

**生长习性：** 多生于海拔3 800米以上的雪山草甸上。

**形态特征：** 冬虫夏草是由鹿角菌目、麦角菌科、虫草属的冬虫夏草菌寄生于高山草甸土层中的蝙蝠蛾幼虫，使幼虫身躯僵化，并在适宜条件下，夏季由僵虫头端抽生出长棒状的子座而形成的，即冬虫夏草菌的子实体与僵虫菌核（幼虫尸体）构成的复合体。冬虫夏草为虫体与菌座相连而成，外表呈深黄色，粗糙，背部有多数横皱纹，腹面有足8对，位于虫体中部的4对明显易见。断面内心充实，白色，略发黄，周边显深黄色。菌座自虫体头部生出，呈棒状，弯曲，上部略膨大，表面灰褐色或黑褐色。

**分布区域：** 主产于金沙江、澜沧江、怒江三江流域的上游地区。

**药用小知识：** 有表邪者、阴虚火旺者不适合服用。

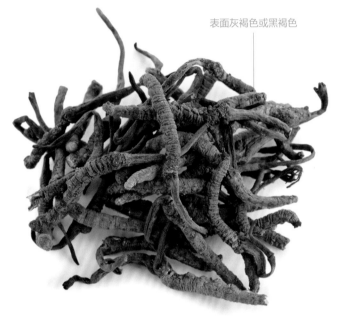

表面灰褐色或黑褐色

**小提示：** 质量上乘的冬虫夏草比较完整饱满，虫体深黄色，丰满且肥大，断面是黄白色，子座短小一些。

**你知道吗？** 专家介绍，最能使冬虫夏草发挥其补益作用的食用方法是常温生服，其他高温的炮制方式可能会影响虫草中很多精华成分，导致其功效略有降低。

为冬虫夏草菌的子实体与僵虫菌核（幼虫尸体）构成的复合体

呈棒状，弯曲，上部略膨大

| 科属：麦角菌科、虫草属 | 药用部位：真菌子实体和虫体 | 性味：味甘，性温 |
| --- | --- | --- |

# 鸡枞

又名鸡枞菌、鸡枞蕈、鸡菌、伞把菌、蚁枞、伞把菇等。

**分布区域：**主要分布于西南、东南地区，以及台湾等地。

**你知道吗？**在我国，鸡枞仅西南、东南部分地区，以及台湾的一些地区有产出，其中以云南所产最佳，也最多。鸡枞的滋味鲜美无比，受到人们推崇，被誉为"菌中之冠"。

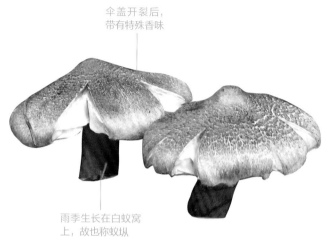

伞盖开裂后，带有特殊香味

雨季生长在白蚁窝上，故也称蚁枞

**药用功效：**鸡枞具有健脾开胃、疗痔止血的功效，可辅助治疗脾虚、消化不良、痔疮出血等病症。

**生长习性：**常见于针阔混交林中、荒地上和玉米地中，基柄与白蚁巢相连，散生或群生。

| 科属：白蘑科、蚁巢伞属 | 药用部位：子实体 | 性味：味甘，性平 |
| --- | --- | --- |

# 松口蘑

又名松茸、松蕈、松菌、合菌、台菌、青岗菌等。

**生长习性：**松茸必须和松树的根系形成共生关系，而且共生树木的树龄必须在 50 年以上。

**分布区域：**分布于吉林、辽宁、安徽、台湾、四川、贵州、云南、西藏等地。

菌盖呈褐色，菌柄为白色，均有纤维状鳞片

菌柄较粗壮

**药用功效：**松口蘑俗称松茸，是一种名贵的真菌，具有止咳化痰、清肠胃、舒筋活络的功效，可改善痰湿咳嗽、恶心干呕、头晕目眩、腰膝酸软、倦怠乏力等病症。

菌肉白嫩肥厚，质地细密，有浓郁的特殊香气

| 科属：口蘑科、口蘑属 | 药用部位：子实体 | 性味：味甘，性平 |
| --- | --- | --- |

# 东亚冬菇

又名金针菇、金针蘑、毛柄小火菇、构菌、朴菇、朴菰、冻菌、金菇、智力菇等。

**药用功效：** 东亚冬菇在选育后，就是我们常见的金针菇，具有补肝、养胃、润肠的功效，肝病、胃肠炎、溃疡、肿瘤患者可对症使用。常食金针菇还可缓解疲劳、降低胆固醇、防治心血管疾病、提高免疫力。

**生长习性：** 金针菇是一种木材腐生菌，多生于在柳、榆、白杨树等阔叶树的枯树干及树桩上。

**形态特征：** 金针菇子实体较小，多数成束生长，肉质，柔软而有弹性。菌盖呈球形或扁半球形，表面有胶质薄层，新鲜时有黏性，白至黄褐色；菌肉白色，中央厚，边缘薄；菌柄中生，较长，中空，细圆柱形，白色或淡褐色，菌柄基部相连，上部呈肉质，下部为革质，表面密生黑褐色短茸毛。

**分布区域：** 全国各地均有栽培。

**药用小知识：** 金针菇性寒，脾胃虚寒、腹泻便溏的人忌用。

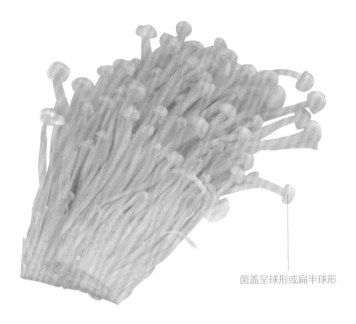

菌盖呈球形或扁半球形

**你知道吗？** 早在 1 000 多年前，中国人就将金针菇视作药食两用菌来食用，并开始进行人工栽培。如今，金针菇因具有较高的营养价值和药用价值，深受人们的欢迎，已成为世界第四大食用菌。

**小贴士：** 金针菇比较适合鲜食，食用前，将金针菇洗净，放入沸水锅内焯烫片刻后捞起，凉拌、烩炒、炖煮、做汤皆宜，它也可作为各种荤素菜的配料使用。

菌柄基部相连，上部呈肉质，下部为革质，表面密生黑褐色短茸毛

菌柄较长，中空，细圆柱形

| 科属：口蘑科、小火菇属 | 药用部位：子实体 | 性味：味甘、咸，性寒 |
| --- | --- | --- |

# 绿红菇

又名青头菌、青冈菌、绿豆菌等。

**药用功效：**绿红菇具有理气解郁、明目安神的功效，其气味甘淡，微酸无毒，可改善眼目不明、心烦气躁、忧虑抑郁、痴呆等病症，尤适宜眼疾、肝火旺盛、抑郁症、痴呆症患者。

**生长习性：**生长在针叶林、阔叶林或针阔混交林地。

**形态特征：**子实体中等至稍大。菌盖具有与青草一般的保护色，浅绿色至灰绿色；初为球形，很快变扁半球形并渐伸展，中部常稍下凹；表皮常呈斑状龟裂，老时边缘有条纹。菌肉白色。菌褶白色，较密，等长，近直生或离生，具横脉。

**分布区域：**主产于云南。

**你知道吗？**绿红菇适合炒、炖、蒸、熘、拌、烩，与甲鱼、乌鸡、土鸡等一起做汤滋味更佳。

菌盖初为球形，后变为扁半球形，中部常下凹，不黏，浅绿色至灰色

菌肉为白色，味道柔和，没有特殊气味

菌柄长，中实或内部松软

| 科属：红菇科、红菇属 | 药用部位：子实体 | 性味：味甘、酸，性寒 |
| --- | --- | --- |

# 东方铆钉菇

又名松树菌、松毛菌等。

**药用功效：**东方铆钉菇具有清肠理气、和胃止痛、美容养颜的功效，它所含的多元醇有利于糖尿病的调理，所含的多糖类物质还可抗肿瘤。

**生长习性：**自然状态下，一般寄生于松树等针叶树的树根上。

**分布区域：**分布于广西、广东、吉林、辽宁、湖南、湖北、云南、江西、四川、西藏等地。

**药用小知识：**新鲜采摘的子实体要先撕去表层膜衣，洗干净后必须用盐水浸泡三四小时。

菌盖半球形至近平展，生长后期有时中部稍下凹，粉红、玫瑰红至珊瑚红色

菌柄近柱形，基部稍细

| 科属：铆钉菇科、铆钉菇属 | 药用部位：子实体 | 性味：味淡，性温 |
| --- | --- | --- |

# 猴头菌

又名猴头菇、猴头蘑、刺猬菌、猬菌等。

**药用功效：** 猴头菌俗称猴头菇，具有健胃消食、补肾壮阳、安神益气的功效，可缓解食少便溏、消化不良、肾虚阳痿、胃炎、胃溃疡、十二指肠溃疡、失眠多梦、神经衰弱等症状。

**生长习性：** 多生于树木不太稠密、空气较流通、湿度较高及气温在20℃左右的森林中。

**形态特征：** 子实体中等、较大或大型，肉质，头形或倒卵形，形似猴头，并因此而得名。新鲜时为白色，干燥后变为乳白色、浅黄至浅褐色，块状，由多数肉质软刺生长在狭窄或较短的柄部，刺细长下垂，覆盖整个子实体，肉刺圆筒形。子实体内部有肥厚粗短的分枝，互相融合，呈花椰菜状，中间有小孔隙。

**分布区域：** 分布于东北地区，以及河南、河北、西藏、山西、甘肃、陕西、内蒙古、四川、湖北、广西、浙江等地。

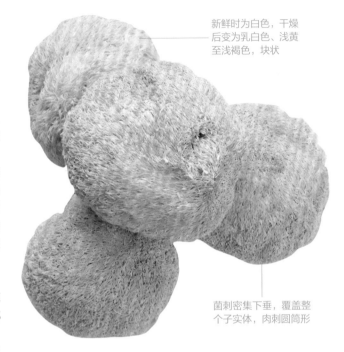

新鲜时为白色，干燥后变为乳白色、浅黄至浅褐色，块状

菌刺密集下垂，覆盖整个子实体，肉刺圆筒形

**你知道吗？** 自古以来，中国人就将猴头菇当作难得的珍馐佳肴，民间素有"山珍猴头，海味燕窝"之说，猴头菇与熊掌、海参和鱼翅并列为四大名菜，它还位列中国八大"山珍"，其色、香、味上乘，至今仍受到人们推崇。

子实体呈块状，倒卵形或头形，肉质

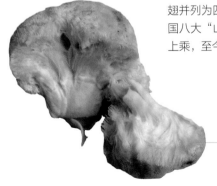

菌丝细胞壁薄，具横隔，有锁状联合

| 科属：猴头菌科、猴头菌属 | 药用部位：子实体 | 性味：味甘，性平 |
| --- | --- | --- |

# 鸡油菌

又名杏菌、鸡蛋黄菌等。

**药用功效**：鸡油菌具有明目润肤、润肺清肠、健胃益气的功效，可缓解因缺乏维生素 A 所致的皮肤粗糙干燥、眼干目赤、视力障碍、眼睛发炎、夜盲症等症状，还可预防某些呼吸道及消化道疾病。

**生长习性**：秋天多生于北温带深林内。

**分布区域**：分布于福建、湖南、广东、四川、贵州、云南等地。

**药用小知识**：皮炎患者忌服。

**你知道吗?** 鸡油菌味道鲜美，具有水果的香味。烹调时，将鸡油菌入开水锅中焯 3~5 分钟后捞出，投凉，即可烹调。

菌盖最初扁平后下凹，边缘波状，常裂开内卷

子实体肉质，喇叭形，杏黄色至蛋黄色

香气浓郁，具有杏仁味，质嫩而细腻

| 科属：鸡油菌科、鸡油菌属 | 药用部位：子实体 | 性味：味甘，性平 |
| --- | --- | --- |

# 绣球菌

又名干巴菌、对花菌、马牙菌等。

**药用功效**：绣球菌具有增强免疫力的功效，常食绣球菌能刺激抗体形成，调动机体防御能力，促进淋巴组织转化，进而起到强身健体的功效。绣球菌含抗氧化物质，能延缓衰老；它所含的核苷酸、多糖等物质可帮助人体降低胆固醇、调节血脂。

**生长习性**：生于山林松树间，产于 7~9 月的雨季。

**分布区域**：云南大部分地区都有分布，每年 7~9 月生长在马尾松下。

**你知道吗?** 绣球菌质干脆，具有浓郁的酷似腌牛肉干味道的香味，是很好的食用菌，可腌、拌、炒、炸、炖、干煸等，也可与蔬菜、肉类、家禽搭配食用。

刚采摘时呈黄褐色，老熟时变成黑褐色

有灰白色、黄色、淡黄色或黑灰色几种

| 科属：绣球菌科、绣球菌属 | 药用部位：子实体 | 性味：味甘，性平 |
| --- | --- | --- |

# 华美牛肝菌

又名见手青、粉盖牛肝菌、小美牛肝菌等。

**生长习性：**夏秋季在阔叶林或针阔混交林地上分散或成群生长。

**分布区域：**分布于江苏、云南、四川、贵州、西藏、广东、广西等地。

**你知道吗？**华美牛肝菌中含有有毒物质，烹饪时，应将之切片后放入沸水中煮1～2分钟，捞出沥干水分后再充分炒熟。建议食用华美牛肝菌一次不宜超过500克，且不宜与白酒同食。

**药用功效：**华美牛肝菌富含蛋白质、脂肪及多种维生素，还含有麦角固醇等多种生物活性物质，具有一定的降血脂、抗氧化、清除氧自由基的作用。它所含的裸盖菇素可用于临床，对抑郁症、焦虑症等有一定的治疗作用。

菌盖浅粉肉桂色至浅土黄色，扁半球形至扁平，具茸毛

菌柄具网纹，上部黄色，下基部近似菌盖色

| 科属：牛肝菌科、牛肝菌属 | 药用部位：子实体 | 性味：味微甘，性温 |
|---|---|---|

# 黄褐牛肝菌

又名牛肝菌等。

**生长习性：**单生或群生于松栎混交林下，有时也见于冷杉树下。

**分布区域：**分布于四川、云南、西藏等地。

**药用小知识：**慢性胃炎患者忌用。

**你知道吗？**黄褐牛肝菌鲜时气味清香，味道略带甜味，可煮汤、凉拌、蒸制、炒制食用，用来涮火锅也是非常好的选择。

**药用功效：**黄褐牛肝菌有祛风散寒、舒筋通络、强身健体的功效，可有效缓解食少腹胀、腰腿疼痛、手足麻木等症状。黄褐牛肝菌属珍稀菌类，其味香独特、营养丰富，经常食用可强身健体、预防疾病。

菌盖中凸呈半球形，有时不甚规则

菌柄长5~10厘米，等粗，基部渐膨大，表面光滑

| 科属：牛肝菌科、牛肝菌属 | 药用部位：子实体 | 性味：味甘，性温 |
|---|---|---|

# 羊肚菌

又名羊肚菇、美味羊肚菌、羊蘑等。

**药用功效：** 羊肚菌具有健胃消食、理气化痰的功效，可改善消化不良、痰多气短等病症。

**生长习性：** 生于阔叶林或针阔混交林下土壤腐殖质较厚的土地上。在火烧后的林地上更容易生长。

**分布区域：** 分布于河南、陕西、甘肃、青海、西藏、新疆、四川、山西、吉林、江苏、云南、河北、北京等地。

**药用小知识：** 患高尿酸血症及胃病者不宜食用。

菌柄圆筒状、中空，近白色，表面平滑或有凹槽

菌盖近球形、卵形至椭圆形，蛋壳色至淡黄褐色，表面有似羊肚状的凹坑

| 科属：羊肚菌科、羊肚菌属 | 药用部位：子实体 | 性味：味甘，性平 |
|---|---|---|

# 蒙古口蘑

又名口蘑、白蘑等。

**药用功效：** 蒙古口蘑具有宣肺止咳透疹的功效，小儿麻疹、燥热不安、失眠惊悸患者可对症使用。蒙古口蘑含有大量膳食纤维，可促进人体内的毒素排出，防止便秘。

**生长习性：** 一般在夏秋季的雨后生长，尤其在立秋前后的草原上大量生长，可形成"蘑菇圈"。

**分布区域：** 多产于内蒙古、河北等地。

**药用小知识：** 患肾脏疾病者不宜食用。

菌柄中生，白色，粗壮，内实，基部稍膨大

菌盖白色，光滑，半球形至平展，初期边缘内卷

| 科属：口蘑科、口蘑属 | 药用部位：子实体 | 性味：味甘、辛，性平 |
|---|---|---|

# 香菇

又名冬菇、香蕈、北菇、厚菇、薄菇、花菇、椎茸等。

**药用功效：**香菇具有健脾开胃、扶正补虚、祛风、理气等功效，正气衰弱，神倦乏力、贫血者可适当食用。香菇中含有大量的维生素 C 和嘌呤、胆碱、酪氨酸、氧化酶等物质，可起到降血压、降血脂、降低胆固醇的作用，还可预防动脉硬化、肝硬化等疾病。

**生长习性：**喜阴凉潮湿气候，冬春季生于阔叶树倒木上，群生、丛生或单生。

**形态特征：**香菇的子实体中等大至稍大；幼时呈半球形，后变扁平至稍扁平，表面呈菱色、浅褐色、深褐色至深肉桂色。菌肉质厚细密，呈白色。菌褶白色，不等长。白色的菌柄弯曲，常偏生。菌盖直径 5~12 厘米，有时可达 20 厘米。菌盖下有菌幕，破裂后形成不完整的菌环。

**分布区域：**分布于山东、河南、浙江、福建、台湾、广东、广西、安徽、湖南、湖北、江西、四川、贵州、云南、陕西、甘肃等地。

表面呈菱色、浅褐色、深褐色至深肉桂色

菌肉质厚细密，呈白色

**你知道吗？**香菇是著名的食用菌，深受人们的喜爱，民间常说的"山珍"指的就是香菇，它还被誉为"菇中皇后"，是一种不可多得的约食两用真菌。

子实体单生、丛生或群生

| 科属：白蘑科、香菇属 | 药用部位：子实体 | 性味：味甘，性平 |
| --- | --- | --- |

# 糙皮侧耳

又名侧耳、平菇、蚝菇、黑牡丹菇等。

固醇、防治尿道结石、调理更年期综合征。

**生长习性：**喜多雨、阴凉或潮湿的环境。

**分布区域：**全国各地均有栽培。

菌盖成熟后开裂

菌柄较短，长 1~3 厘米，粗 1~2 厘米，基部常有茸毛

菌盖白色、乳白色至棕褐色

菌柄常基部较细，中上部变粗，内部较实，且富含纤维质，孢子印白色

**药用功效：**糙皮侧耳即我们平时所说的平菇，具有舒筋活络、祛风散寒、健体补虚的功效，可缓解手足麻木、腰腿疼痛、经络不通，改善肝炎、慢性胃炎、胃溃疡、十二指肠溃疡、高血压、软骨病等病的症状，还可降低血胆

| 科属：侧耳科、侧耳属 | 药用部位：子实体 | 性味：味辛、甘，性温 |
|---|---|---|

# 毛头鬼伞

又名鸡腿蘑、鸡腿菇等。

**生长习性：**春夏秋三季雨后生于田野、林园、路边，甚至茅屋屋顶上。

**分布区域：**分布于黑龙江、吉林、河北、山西、内蒙古等地。

**你知道吗？**鸡腿菇的外形状如鸡腿，肉质似鸡肉丝，它也因此而得名。

菇蕾期菌盖圆柱形，连同菌柄状似鸡腿，后期钟形

**药用功效：**毛头鬼伞即我们平时所说的鸡腿菇，具有安神定气、补益脾胃、利尿通便的功效，可辅助治疗烦热不安、脾胃不适、便秘、痔疮等病症。鸡腿菇中含活性物质，可降低血糖浓度，对糖尿病患者有一定的补益作用。

菌盖幼时近光滑，后有平伏的鳞片或表面有裂纹

| 科属：鬼伞科、鬼伞属 | 药用部位：子实体 | 性味：味甘，性平 |
|---|---|---|

# 木耳

又名木菌、光木耳、云耳、木蛾、木茸等。

**药用功效：** 木耳具有滋阴润肺、益气补血、止血止痛的功效，可改善肺虚咳嗽、吐血、崩漏、痔疮出血等病症。

**生长习性：** 多生于栎、杨、榕、槐等多种阔叶树的腐木上，也可以用椴木和木屑进行人工栽培。生长需散射光，喜湿润、温暖的环境。

**形态特征：** 子实体丛生，略呈耳状、叶状或杯状，褐色，常呈覆瓦状叠生。初期为柔软的胶质，黏而富弹性，半透明，以后稍带软骨质，干后强烈收缩，变为脆硬的角质至近革质，遇水浸泡即可恢复原状。背面外沿呈弧形，紫褐色至暗青灰色，疏生短茸毛。孢子肾形，无色，成熟后会自动弹射出来，借助风力传播。

**分布区域：** 分布于河北、山西、内蒙古、黑龙江、江苏、安徽、浙江、江西、福建、台湾、河南、广西、广东、香港、陕西、甘肃、青海、四川、贵州、云南、海南等地。

**药用小知识：** 虚寒溏泻者及肠胃功能较弱者忌服。

褐色子实体略呈耳状、叶状或杯状

**小贴士：** 木耳在 4~9 月采摘，采摘宜在早晚或阴雨天进行，用竹刀将木耳刮入竹笼中，用清水洗净杂质，沥干后晒干。放置在阴凉干燥处保存。挑选木耳时，以耳片大小均匀、乌黑光润，耳瓣舒展，体轻干燥，无杂质，气味清香者为佳。如颜色有变，可能有毒，夜间发光的也有毒，虽未生虫但快腐烂的也有毒。

初期为柔软的胶质，黏而富弹性，半透明

背面外沿呈弧形，紫褐色至暗青灰色，疏生短茸毛

| 科属：木耳科、木耳属 | 药用部位：子实体 | 性味：味甘，性平 |
| --- | --- | --- |

# 银耳

又名白木耳、雪耳、白耳等。

**药用功效：** 银耳具有滋阴润肺、补肾强精、益气生津的功效，可改善咳嗽、痰中带血、虚热口渴、胸闷气短、倦怠乏力、病后体虚等病症。

**生长习性：** 夏秋季生于阔叶树腐木上。喜温暖湿润气候，不耐高温和严寒，忌阳光直射。

**形态特征：** 子实体纯白至乳白色，直径 5~10 厘米，由数片至十余片薄而多皱褶的扁平形瓣片组成，形似菊花、牡丹或绣球，表面柔软、半透明，富有弹性。晒干后收缩，角质，硬而脆，白色或米黄色，近球形或近卵圆形，遇水浸泡即可恢复原状。成熟子实体的瓣片表面覆有一层白色孢子，成熟后，孢子会自动弹射出来，借助风力传播。

**分布区域：** 分布于四川、浙江、福建、江苏、江西、安徽、台湾、湖北、海南、湖南、广东、广西、贵州、云南、陕西、甘肃、内蒙古和西藏等地。

**小贴士：** 挑选银耳时，以干燥、黄白色或浅米色、朵基部呈黄色、黄褐色、朵大而完整、体轻、有光泽、胶质厚，无霉变、无虫蛀、无杂质者为佳。

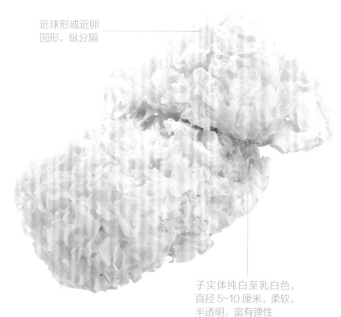

近球形或近卵圆形，纵分隔

子实体纯白至乳白色，直径 5~10 厘米，柔软，半透明，富有弹性

**你知道吗？** 泡发银耳时，最好使用冷水。用热水泡银耳，不仅不易将银耳充分泡发，还会使银耳变得绵软发黏，其营养成分也会受到破坏。

由数片至十余片瓣片组成，形似菊花、牡丹或绣球

干后收缩，角质，硬而脆，白色或米黄色

| 科属：银耳科、银耳属 | 药用部位：子实体 | 性味：味甘、淡，性平 |
| --- | --- | --- |

# 头状秃马勃

又名马屁包、头状马勃等。

**药用功效：** 头状秃马勃幼时可食用，成熟后可入药，具有清肺利咽、解毒止血功效。从其发酵液中分离出的马勃菌酸等物质，具有抗菌和抗真菌的作用。其孢子制成的马勃粉，外用可止血。

**生长习性：** 夏秋季于林中地上单生至散生。

**形态特征：** 子实体单生或群生，陀螺形，基部发达。包被两层，均薄质，紧贴在一起，淡茶色至酱色，初期具微细毛，逐渐光滑，成熟后上部开裂并成片脱落，孢体黄褐色。

**分布区域：** 分布于河北、吉林、江苏、安徽、江西、福建、湖南、广东、香港、广西、陕西、甘肃、四川、云南等地。

菌盖淡茶色至酱色，初期具微细毛，逐渐光滑

子实体小至中等大，陀螺形

包被两层，均薄质

| 科属：马勃科、秃马勃属 | 药用部位：子实体 | 性味：味辛，性平 |

# 草菇

又名小包脚菇、兰花菇、秆菇、麻菇等。

**药用功效：** 草菇具有解暑止渴、清热益气、滋阴补血的功效，可改善暑热烦渴、头痛眩晕、倦怠乏力、高血压、高脂血症、乳汁不足等病症。草菇是优良的药食两用型的营养保健食品，可促进伤口愈合、增强免疫力、防治坏血病。

**生长习性：** 野生于潮湿腐烂的稻草堆上。夏秋季多人工栽培。

**分布区域：** 分布于福建、台湾、湖南、广东、广西、四川、云南、西藏等地。

**药用小知识：** 脾胃虚寒者忌服。你知道吗？草菇可鲜食，也可晒干或烘干制成干菇食用，还可盐渍或制成罐头食用。

菌盖张开前钟形，展开后伞形，最后呈碟状

菌柄中生，顶部和菌盖相接，基部与菌托相连，圆柱形

| 科属：光柄菇科、小包脚菇属 | 药用部位：子实体 | 性味：味甘，性寒 |

# 茯苓

又名玉灵、茯灵、万灵桂、茯菟等。

**药用功效：** 茯苓具有除水利湿、化痰止咳、安神益智、健脾和胃的功效，可缓解水肿、小便不利、咳嗽痰多、惊悸健忘、泄泻、遗精、淋浊等症状。茯苓常与人参、远志、酸枣仁等配伍，用于心神不安、失眠多梦等症；还搭配党参、白术等，改善脾虚湿盛所致食少便溏之症。现代研究表明，茯苓有保护肝脏、抗炎、抗病毒、抗菌、抗衰老、抗惊厥等作用。

**生长习性：** 寄生于松科植物赤松或马尾松等的树根上，以沙壤土为佳。

**形态特征：** 茯苓是多孔菌科真菌茯苓的干燥菌核，常寄生在松树根上。完整的茯苓呈类圆形、椭圆形、扁圆形或不规则团块，棕褐色或黑棕色，形如甘薯，精制后称为白茯苓或者云苓。去皮后切制的茯苓呈块状，大小不一，白色、淡红色或淡棕色。

**分布区域：** 分布于云南、安徽、湖北、河南、四川等地。

**药用小知识：** 阴虚火旺、虚寒滑精、气虚下陷、津伤口干者慎服。正在服用地榆、雄黄、龟甲等药物者，使用本品前务必咨询医生。忌与米醋同服。

完整的茯苓呈类圆形、椭圆形、扁圆形或不规则团块，棕褐色或黑棕色

**药品鉴别：** 茯苓与土茯苓名称相似，容易混淆，但两者区别非常大：茯苓是真菌的菌核，土茯苓是植物的干燥根茎；茯苓多为类圆形或不规则团块，土茯苓多为弯曲不直的扁圆柱形；茯苓嚼之粘牙，土茯苓口感偏涩；茯苓有除水利湿、健脾和胃的功效，土茯苓则具有清热降火、抑菌止痒的作用。

**小贴士：** 质量上乘的茯苓坚实，呈褐色，略带光泽，褶皱深，截断面为白色且看起来细腻，粘牙。

**你知道吗？** 茯苓分为"安苓"和"云苓"，安苓一般是栽培出来的，主要产自安徽地区，云苓大多是野生品，云南地区的云苓质量为优。

质坚实，破碎面颗粒状，有细小蜂窝样孔洞

去皮后切制的茯苓呈块状，大小不一，白色、淡红色或淡棕色

| 科属：多孔菌科、卧孔菌属 | 药用部位：菌核 | 性味：味甘、淡，性平 |
| --- | --- | --- |

# 柱状田头菇

又名茶树菇、茶薪菇、杨树菇等。

**生长习性：** 生于小乔木类油茶林腐朽的树根部及其周围，生长季节主要集中在春夏之交及中秋节前后。

**分布区域：** 主要生产地为江西广昌县和黎川县、福建古田县。

**药用小知识：** 易过敏者慎服。

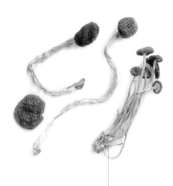

成熟期菌柄变硬，菌柄附暗淡黏状物，菌环残留在菌柄上或附于菌盖边缘自动脱落

**药用功效：** 柱状田头菇俗称茶树菇，具有开胃、消肿、利尿的功效，肾虚、尿频、水肿、小儿低热、尿床者可对症使用。茶树菇含大量多糖，可降低胆固醇，延缓衰老，强身健体。

子实体单生、双生或丛生，表面平滑，初为暗红褐色，有浅皱纹

| 科属：粪伞科、田头菇属 | 药用部位：子实体 | 性味：味甘，性平 |
|---|---|---|

# 长裙竹荪

又名竹参、面纱菌等。

散射光。

**分布区域：** 分布于江西、福建、云南、四川、贵州、湖北、安徽、江苏、浙江、广西、海南等地。

**你知道吗？** 四川长宁县特产竹荪，国家质量监督检验检疫总局已批准长宁竹荪为国家地理标志保护产品。长裙竹荪菌盖下有白色网状菌幕，下垂如裙，外形十分优美，因此有"雪裙仙子""山珍之花""菌中皇后"等美称。

菌盖钟形，表面凹凸不平，呈网格状，凹部密布担孢子

**药用功效：** 长裙竹荪具有止咳润肺、清热宁神、益气补脑的功效，可改善肺虚、热咳、白带异常等症状。

**生长习性：** 喜氧气充足的偏酸性环境，菌丝生长时不需要光照，原基发生和子实体生长时需要

柄中空，高 15~20 厘米，白色，外表密布海绵状小孔

| 科属：鬼笔科、竹荪属 | 药用部位：子实体 | 性味：味甘、微苦，性凉 |
|---|---|---|

# 灵芝

又名赤芝、红芝、木灵芝、菌灵芝等。

**药用功效：** 灵芝具有止咳平喘、安神养心、补气养血的功效，可改善咳嗽、气喘、失眠多梦、消化不良等病症，能调节血压和血脂、保护肝脏，还有一定的抗肿瘤作用。服用灵芝能扩张冠状动脉，增加冠脉血流量，并能增加心肌毛细血流量，改善心肌微循环，对冠心病和心绞痛有一定的治疗作用。

**生长习性：** 属高温菌类，在15~35℃均能生长，适温为25~30℃。

**形态特征：** 腐生真菌，子实体有柄，木栓质。菌盖呈半圆形或肾形，表面黄褐色或红褐色，有轻微褶皱或平滑，有油漆般光泽，质地坚硬，边缘薄而平截，稍内卷。菌肉白色，近菌管处淡褐色。菌柄长圆柱形，侧生，极少偏生，偶中生，长于菌盖直径，紫褐色至黑色，有漆样光泽，坚硬。孢子卵形，双层壁，顶端平截，外壁透明，内壁淡褐色，担子果多在秋季成熟，南方地区可延至冬季成熟。

菌盖多肾形、半圆形，黄褐色或红褐色

**分布区域：** 以长江以南为多，安徽、江西、福建、广东、广西等地均有分布。

**药用小知识：** 实证及外感初起者忌用。

**小贴士：** 全年都可采收，剪除附有朽木、泥沙或培养基质的下端菌柄，阴干或烘干。贮存于干燥、防霉、防蛀、通风、阴凉处。

**古籍名医录：**《神农本草经》："紫芝味甘温，主耳聋，利关节，保神益精，坚筋骨，好颜色，久服轻身不老延年。"

菌柄侧生，极少偏生，长于菌盖直径，紫褐色至黑色，有漆样光泽，坚硬

菌盖质地坚硬，边缘薄而平截，稍内卷

| 科属：多孔菌科、灵芝属 | 药用部位：子实体 | 性味：味甘，性平 |
| --- | --- | --- |

# 裂褶菌

又名白参、天花菌、八担柴、鸡毛菌等。

**药用功效：** 裂褶菌具有镇痛、抗癌、降压的功效，其萃取物可入药，适合肝癌、肺癌、乳腺癌患者使用，可缓解放疗、化疗所致的食欲不振、恶心呕吐、脱发等不良反应。裂褶菌能增强人体对胰岛素的敏感性，有助于控制血糖、降低血压、抑制脂肪细胞堆积。

**生长习性：** 生长在高山林海里。

**分布区域：** 分布于东北、华北、华东、中南、西南地区，以及陕西、甘肃、台湾、西藏等地。

**你知道吗？** 裂褶菌是药食两用真菌，烹饪时，需先用石灰水煮泡后漂洗，去掉其苦涩味，然后配以佐料，做凉拌菜食用。

菌盖白色至灰白色，有茸毛或粗毛，常有环纹，盖缘反卷，有多数裂瓣，呈小云状锯齿

菌肉薄、干、韧，白色带褐色

| 科属：裂褶菌科、裂褶菌属 | 药用部位：子实体 | 性味：味甘，性平 |
|---|---|---|

# 紫菜

又名乌菜等。

**药用功效：** 紫菜具有止咳平喘、消肿止痛、清心安神的功效，咳嗽、气喘、痰多、咽喉肿痛、心烦失眠、惊悸、眩晕者可对症使用。常食可改善肾虚所致的水肿、小便不利等症状。

**生长习性：** 多生于大海潮间带岩石上，2~3月为其生长旺盛期。

**分布区域：** 分布于辽宁、山东、江苏、浙江、福建等地。

**你知道吗？** 紫菜是一类生长在潮间带的海藻，分布范围包括寒带、温带、亚热带和热带海域，它还是世界上产值最高的栽培海藻，在东亚地区被大面积人工栽培。

体长因种类不同而异，自数厘米至数米不等

藻体紫红色或青紫色

| 科属：红毛藻科、紫菜属 | 药用部位：叶状体 | 性味：味甘、咸，性寒 |
|---|---|---|

# 裙带菜

又名海芥菜、长寿菜、裙带、绿色海参等。

高血压和脑血栓的发生。

**生长习性：** 多年生大型海藻，多生于低潮线以下的礁石上。

**分布区域：** 分布于辽宁的旅顺、大连、金州，山东的青岛、烟台、威海，以及浙江的舟山群岛等地。

你知道吗？辽宁旅顺自然生产的裙带菜品质佳，营养价值甚至可与螺旋藻媲美。

藻体绿褐色，分叶片、柄部、固着器三部分

叶似芭蕉，中肋明显，边缘羽状分裂

**药用功效：** 裙带菜具有利尿通便、软坚散结的功效，可缓解小便不利、便秘、肠胃不适、燥热等症状。裙带菜的黏液中含有褐藻酸和岩藻固醇，可降低血胆固醇，有利于体内多余钠离子的排出，改善和强化血管，防止动脉硬化、

| 科属：翅藻科、裙带菜属 | 药用部位：叶状体 | 性味：味咸，性寒 |

# 海带

又名江白菜等。

**生长习性：** 生于低潮线以下的礁石上。

**分布区域：** 主产于黄海、渤海附近海域。

**药用小知识：** 脾胃虚寒者忌服。

藻体分为固着器、柄部和叶片三部分

固着器假根状，柄部粗短圆柱形，柄上部为宽大长带状的叶片

**药用功效：** 海带具有化痰散结、泄热利水的功效，咳嗽气喘、痰多、冠心病、高血压、肥胖病、水肿患者可对症使用。海带含大量的膳食纤维，能清除附着在血管壁上的胆固醇，还能促进排泄，调理肠胃，提高机体免疫力。

藻体褐色，长带状，革质，一般长2~6米，宽20~30厘米

| 科属：海带科、海带属 | 药用部位：叶状体 | 性味：味咸，性寒 |

# 鹅掌菜

又名黑昆布、面其菜等。

潮线以下 1~5 米的岩石上。

**分布区域：**主要分布于浙江、福建的沿海地区。

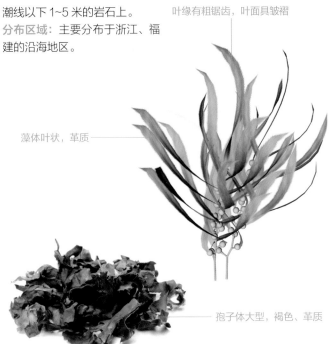

叶缘有粗锯齿，叶面具皱褶

藻体叶状，革质

孢子体大型，褐色、革质

**药用功效：**鹅掌菜具有消肿利水、软坚散结的功效，可缓解咳嗽、肺结核、甲状腺肿、颈部淋巴结炎、支气管炎、老年性白内障等症状。食用鹅掌菜还可以改善吐血、赤白带下、梦遗、脚气等病症。

**生长习性：**生于流急浪大的大干

| 科属：翅藻科、昆布属 | 药用部位：叶状体 | 性味：味咸，性寒 |
| --- | --- | --- |

# 羊栖菜

又名海藻、虎酋菜、鹿角尖、海菜芽等。

纤维可改善便秘，防止肛肠疾病的发生。羊栖菜还能降低胆固醇，防止血栓形成。

**生长习性：**生长在低潮带岩石上。

**分布区域：**北起辽东半岛，南至雷州半岛均有分布，以浙江沿海地区最多。

**药用小知识：**服用中药甘草之人忌服。脾胃虚寒者忌服。

藻体黄褐色，肥厚多汁，叶状体的变异很大

雌雄异株，生殖托圆柱状，顶端钝，表面光滑，基部具柄，单条或偶有分枝

**药用功效：**羊栖菜具有通便、软坚化痰的功效，骨质疏松、动脉硬化、糖尿病、甲状腺肿大、肠癌患者可对症使用。羊栖菜所含多糖能促进造血、增强免疫力，有一定的抗肿瘤作用；所含膳食

| 科属：马尾藻科、马尾藻属 | 药用部位：叶状体 | 性味：味咸，性寒 |
| --- | --- | --- |